内蒙古自治区人民政府科研专项"内蒙古农牧场动物福利研究"（2016—2020年）资助

肉羊
全程福利生产新技术

ROUYANG
QUANCHENG FULI SHENGCHAN XINJISHU

翟 琇　席春玲　主编

中国农业出版社
农村读物出版社
北　京

编　委　会

主　编：翟　琇　内蒙古自治区农牧业科学院

　　　　席春玲　中国农业国际合作促进会

副主编：郭天龙　内蒙古自治区农牧业科学院

　　　　史彬林　内蒙古农业大学

参编人员（按姓氏笔画排序）：

　　　　刁其玉　中国农业科学院饲料研究所

　　　　王韵斐　巴彦淖尔市农牧业科学研究院

　　　　吕希婷　中国农业国际合作促进会动物福利国际合作委员会

　　　　吕慎金　临沂大学

　　　　刘　文　内蒙古自治区农牧业科学院

　　　　李　康　内蒙古自治区农牧业科学院

　　　　李　慧　内蒙古自治区农牧业科学院

　　　　杨燕燕　内蒙古自治区农牧业科学院

　　　　沈贵银　江苏省农业科学院

　　　　张　英　内蒙古自治区农牧业科学院

　　　　阿永玺　中国农业国际合作促进会动物福利国际合作委员会

　　　　金　海　内蒙古自治区农牧业科学院

　　　　郑微微　江苏省农业科学院

　　　　徐元庆　内蒙古农业大学

前　言

　　当今，动物福利逐渐成为学术界和产业界一个日益关注的领域，尤其是农场动物福利受到越来越多国家、国际组织的关注和重视。近年来，农场动物福利这一理念和实践在中国逐渐得到认可，形成了中国农业国际合作促进会动物福利国际合作委员会等专门推动动物福利事业发展的社会组织和一批科研机构、高等院校学术研究群体，部分企业也将动物福利作为提升畜禽产品品质和品牌价值的重要抓手。2017年，在第一届世界农场动物福利大会暨中国动物福利与畜禽产品质量安全论坛上，农业部副部长于康震指出：促进动物福利是推动我国农业绿色发展的一项重要选择，当前已成为保障食品安全和健康消费的一项重要措施，更是现代社会人文关怀的一种重要体现方式。

　　良好的动物福利提供了优质的畜产品，动物福利产品的商业化目前已越来越成为提升企业品牌、占领市场的竞争策略。高福利产品是市场机遇，也是全球趋势。

　　我国是世界畜牧业生产大国，肉羊产业是我国畜牧产业中不可或缺的重要支柱产业。自20世纪80年代末以来，我国已成为世界上绵羊和山羊饲养量、出栏量、羊肉产量最多的国家。2017年全国羊存栏2.99亿只，出栏3.12亿只，羊肉产量467.5万t。羊肉产量占全球总产量的30.46%。我国居民羊肉的绝对消费数量不断上升，羊肉从区域性消费的产品成为全国性消费的产品，从以局部特定群体消费为主成为全民消费产品，肉羊产业健康发展对保障肉产品的有效供给、改善居民的膳食结构具有重要的作用。

　　肉羊养殖在我国是一个广域产业，在各个农区、牧区、山区均有分布，是农牧民祖祖辈辈赖以生存的基础产业，更是少数民族的传统产业。当前国家推进粮改饲、秸秆资源化利用，倡导适度规模养殖，构建种养结合、农牧循环的家庭牧场模式，使羊产业正向生态绿色养殖方向发展。动物福利的理念在很大程度上与肉羊生产加工环节坚持的科学养殖理念是一致的，引入、推广国内外先进动物福利理念，构建符合我国经济社会发展、产业结构调整、畜牧业绿色发展要求的福利养殖技术体系，是推进我国畜牧业转型提档升级的有效措施，也是提升我国现代畜牧业国际形象和农畜产品市场竞争能力的有力举措。

内蒙古自治区人民政府基于建设全国重要的绿色农畜产品生产加工输出基地的目标，在国内率先设立专项基金开展"内蒙古农牧场动物福利研究"，引入动物福利理念与技术，提升牛羊福利化养殖水平，打造内蒙古牛羊肉品牌，具有前瞻性和战略性。本书的部分内容是这一项目的成果总结。本书包括6章：第一章动物福利概述，介绍了国内外动物福利的研究进展；第二章羊的生活习性和生物学特征，详细论述了肉羊生理、生活、生物学和行为学特征；第三章肉羊的生产系统，介绍了放牧、舍饲和放牧加舍饲3种肉羊生产系统的特点；第四章影响肉羊福利的因素，从环境、设施设备、人员操作等因素分析了影响肉羊福利的因素；第五章肉羊福利技术，从营养、生产管理、疫病防治等视角提出了提升福利生产的技术；第六章肉羊福利的经济评估与产品营销，以具体实例论述了肉羊福利生产的投入产出效益和产品溢价。

本书由翟琇、席春玲主持撰写，具体写作分工如下：第一章由翟琇、席春玲、阿永玺、吕希婷共同撰写；第二章由郭天龙、杨燕燕、刘文共同撰写；第三章由金海、李康、王韵斐共同撰写；第四章由史彬林、徐元庆共同撰写；第五章由刁其玉、吕慎金、李慧共同撰写；第六章由沈贵银、郑微微共同撰写。全书由翟琇、郭天龙、吕希婷统稿，史彬林、张英、杨燕燕参与统稿。

本书由内蒙古人民政府科研专项"内蒙古农牧场动物福利研究"和内蒙古农牧业创新基金（2020CXJJM03）"冷应激与运输应激引发的肉羊福利问题及调控对策研究"资助完成。本书在撰写过程中，得到了国家肉羊产业技术体系各位岗站专家的指导，得到了内蒙古农牧业科学院部分领导、专家的点拨，在此，向所有单位、领导和专家表示衷心的感谢。

鉴于编者水平有限，以及从动物福利视角诠释肉羊生产过程可能存在理解上的偏差，难免有不当和错漏之处，恳请各位读者批评指正。

编　者

2020年1月

CONTENTS

目 录

前言

第一章

动物福利概述

第一节　动物福利概念

世界动物卫生组织（OIE）对于动物福利的解释为：动物应对其生存条件的方式。若动物福利状态符合下列条件即可视为良好，即健康、舒适、安全、饲喂良好，能够表现本能行为，无疼痛、恐惧和焦虑等［《OIE陆生动物卫生法典》（第21版）］。

对于动物福利，国际动物保护机构和专家有着不同的理解，迄今为止也没有形成统一的概念，但就保障动物健康、反对虐待动物、人与动物和谐共处的认识是一致的。"5项基本原则"是目前国际社会较为公认的评价动物福利的准则，即：①提供新鲜饮水和日粮，以确保动物的健康和活力，使它们免受饥渴；②提供适当的环境，包括住处和安逸的栖息场所，使动物免受不适；③做好疾病预防，并及时诊治患病动物，使它们免受疼痛、伤害和病痛；④提供足够的空间、适当的设施和同种伙伴，使动物自由地表达正常行为；⑤确保提供的条件和处置方式能避免动物的精神痛苦，使其免受恐惧和苦难。

按照国际公认标准，动物被分为农场动物、实验动物、伴侣动物、工作动物、娱乐动物和野生动物6类。国际上，动物福利关注的对象包括农场动物、实验动物、伴侣动物以及工作动物。具体到农场动物福利，包括养殖、运输和屠宰3个环节：养殖环节需要根据农场动物的生物学特性，合理运用现代育种繁殖技术、养殖设施环境控制技术、动物疾病防治技术、营养与饲料配制技术、生产管理技术等各种现代生产技术满足它们的生理和行为需要[1]，确保其身心康乐；运输环节确保运输时间、温度、密度在一个合适的范围内；屠宰环节是动物被屠宰时能够在无知觉或无痛苦的状态下死去。通俗地说，就是要根据农场动物的需要来提供使其健康生长或生产的环境条件，加强应激因素管理，减少畜牧业生产中不恰当的人为操作，力求得到优质安全的畜产品。

第二节 动物福利意义

动物福利在推动畜牧业可持续发展、增强产品竞争力、体现社会进步等方面发挥积极作用，具有重要意义。

一、动物福利是畜牧业转型升级的重要手段

2018 年，我国畜牧业产值达到 3.17 万亿元，是农业领域中重要的支柱产业，也是农业农村经济的支柱产业，成为繁荣我国城乡经济、提高人民生活水平、稳定社会经济发展的重要产业。然而，随着生产规模不断扩大、集约化程度逐渐提高，畜牧业所面临的问题也愈发严峻。资源约束增加、环保压力增大、养殖成本攀升、养殖效率不高、疫病疫情难控等制约畜牧业可持续发展的问题亟待解决[2]。转型升级成为畜牧业可持续发展的根本出路，我国畜牧业发展方向正由单纯追求数量向数量、质量、环境保护并重，传统养殖方式也必然要向产出高效、产品安全、资源节约、环境友好的现代养殖方式转变。

研究表明，畜禽的生存空间、围护材料等环境和设施能够在很大程度上影响畜禽的行为和福利，进而影响到健康水平和生产性能[3]。然而，过度集约化、规模化已成为我国目前主要的养殖方式。此方式容易造成动物健康水平差、滥用药品以及环境污染等问题，严重制约着畜牧业的可持续发展。动物福利从生理、环境、卫生、心理、行为 5 个方面出发，改善生产管理，满足动物的基本需求，不仅能够提高动物的抗病力，减少疾病发生，从根源减少药物使用，而且能够提高畜禽的生产性能，提高养殖质量效益。动物福利倡导科学、安全、环境友好的养殖方式，是畜牧业转型升级的重要手段。

二、动物福利促进食品安全与质量提升

畜牧业的快速发展满足了人们对动物源性食品不断增长的需求，但随之而来的食品安全问题也日渐增多，频发的食品安全问题事件引发了国人对食品安全议题的广泛关注。农场动物的饲养环境和饲养方式已成为导致我国畜禽产品发生质量安全问题的主要原因之一，饲养环境和饲养方式的转变成为实现畜禽健康养殖的必要途径。

农场动物福利不仅涉及理论认知，还会对食品安全造成影响[4]，改善农场动物福利不但符合伦理要求，而且可以降低食品安全风险[5]。在很多发达国家，为降低食品安全风险，并基于伦理的考虑，良好农场动物福利准则已成为养殖、运输、屠宰等相关主体所必须遵守的规范。

近年来，中国消费者对食品的需求已发生了质的变化，食品消费需求已从

温饱的层次升级为健康、享受的层次。健康和品质消费成为食品消费升级的重要方向。动物福利并不是要求为动物提供额外服务，而是满足动物的基本需求；不是反对利用动物，而是反对残忍、非人道地对待动物。动物福利倡导人类利用动物的同时兼顾它们最基本的福利，动物在康乐状态下生存，在无痛苦的情况下被屠宰，使得所得产品的质量和安全得到保障，最终目的和根本宗旨是保障人类健康和提高人类生活质量。

三、动物福利促进品牌差异化，增强市场竞争力

随着社会的不断发展，公众对动物源性食品提出了更高要求，不仅仅满足于对动物源性食品的数量、口感、品种和花色需求，而且对动物源性食品的质量安全、营养品质和动物本身的生活环境、生产方式及运输过程也都开始关注。国家一直鼓励优质安全农产品的生产，通过监测生产过程和制定产品标签来实现优质产品溢价、品牌塑造，从而增强市场竞争力。动物福利通过对养殖、运输和屠宰的全过程作出要求和规范，从而使产品的质量和安全得到保障。2018年，动物福利产品成功入驻国家农产品质量安全公共信息平台。这标志着动物福利产品同"三品一标"共同成为政府主导的安全优质农产品公共品牌，成为农产品生产消费的主导产品。如今，人们越来越看重动物源性食品的品牌，品牌畜禽产品的安全与品质更有保障。动物福利是自然科学和人文科学的交叉，动物福利产品在具有普通产品的属性外还增加了人文理念，不仅有利于提高产品的品质，而且有利于差异化、个性化品牌塑造，更加符合现代消费理念，增强市场竞争力。

我国是世界最大的肉类生产和消费国，也是世界重要的肉制品进出口国。在贸易自由化浪潮下，国际贸易关税水平大幅下降，传统的非关税壁垒也不断被限制。而与此同时，一种新型的贸易保护壁垒正悄然兴起。一些发达国家以动物保护和人道主义为由，将本国的动物福利法案用于进口贸易的管制，以保护动物福利为借口设置贸易障碍，形成动物福利壁垒。动物福利壁垒抬高了国际贸易的市场准入门槛，削弱了我国产品的出口竞争力，成为制约我国畜禽产品出口的又一个重要因素。由此可见，动物福利水平的提高、动物福利产品品牌的打造将大大增强我国畜禽产品国际贸易竞争力。

四、动物福利体现人文关怀和社会价值的提升

随着经济的快速发展，人们的生活水平大幅提高，物质生活得到极大丰富。当今时代，经济社会发展正加速转型，精神充实和文化保障日趋成为人们的发展需求，人文关怀已经成为提高精神品质和文化品位的重要内容。人类文明程度的不断提升，集中反映在越来越关爱生命、越来越关注资源、越来越关

心环境、越来越重视人与自然的和谐发展。动物福利反对残忍对待动物，倡导合理地利用动物、重视人与自然和谐相处，不仅是现代社会人文关怀的一种重要体现方式，更体现了人类社会责任感和价值理念提升。

第三节　世界动物福利发展

现代畜牧科技的发展多以人的需求为主，对动物的生理、行为、心理等方面考虑较少，导致动物健康状况和生产水平下降。而为了增加动物抵抗力、提高生产能力又开始使用饲料添加剂、加强免疫消毒与治疗强度。这导致动物又出现新的疫病，食品安全与环境卫生等问题时有发生。当人们发现这一恶性循环的根本原因在于动物的基本需求得不到满足后，欧盟、美国等发达国家投入大量经费开始针对动物需求进行科学研究，在此基础上制定动物福利法律法规，并利用动物福利概念实行贸易壁垒政策，限制一些国家的农产品出口。

随着经济的飞速发展和人类文明的进步，动物福利受到越来越多人的关注并日渐升温。越来越多的专家学者开始投入动物福利的科研中，消费者也逐渐注意到动物福利与食品安全的关联并愿为其增加的成本买单。

一、动物福利问题的发现

20世纪50年代以来，畜禽的生产性能和生产效率随着育种、营养、疫病和环境等科学的发展不断提高，形成饲养规模和密度不断增加的集约化生产方式。集约化、规模化的生产方式大大提高了生产效率，降低了生产成本，满足了人们对动物蛋白质的需求。

但是，随着集约化生产的不断发展，畜禽产品质量和安全问题也日益突出，人们逐渐意识到这是由动物的正常需求得不到满足、动物健康得不到保证引起的。20世纪60年代，欧洲国家调查了集约化生产中的动物福利问题，并提出了改进措施。1964年，《动物机器》的出版引起西欧国家对动物福利的广泛关注。到20世纪80年代初，已有30多所大学和科研院所设立研究动物福利的专门机构。1995年举行的北美畜禽福利讨论会标志着动物福利研究的开始。

二、动物福利定义的发展[6]

1833年，美国学者查得向美国国会提出对所有家养动物进行良好保护，避免家养动物受到人类虐待，查得的提议被美国动物国会所批准并于1842年成立了国际上第一个保护动物协会。这是动物福利的雏形。从提出动物福利至今经过了漫长的时间，这期间动物福利理念在不断地发展变化。自动物福利产生的100多年以来，学者从多个角度定义动物福利，力求将其准确、全面地阐述。

（一）生物伦理的角度

生物伦理角度的动物福利定义，分别有不同的聚焦点。例如，以人类为中心的理论认为，动物福利是动物能生长繁殖、不发病，这一理论忽略了动物的心理及感情；以疾病为中心的理论认为，不应让动物感到痛苦，人在利用动物时应减轻动物的痛苦，如果某种利用方式会让动物感到巨大的痛苦则应禁止；以动物为中心的理论认为，利用动物时应将动物的基本利益和本性纳入考虑范围，不仅要防止动物受苦，还要使动物感到愉快；以生物为中心的理论认为，动物的福利和康乐得到道义上的关心和考虑、得到实现，并贯穿其一生。生物伦理角度的动物福利定义在发展中不断把人类对生物界的道德和责任纳入。

（二）动物与自然关系的角度

在此角度下，动物福利的定义分为 3 种。第一种是主观感受式定义。这一动物福利定义认为，在评价动物福利的状况时应该考虑动物的感受，动物福利水平会随其舒适、满足等感受提高，而动物在感到痛苦、饥饿等不良境况时其福利水平会下降。这一定义与上述以动物为中心的动物福利定义相近，但如何评价动物的感受成为这种定义下判断动物福利水平的难点。

第二种是生物学功能式定义。这一动物福利定义认为，动物福利水平的评价标准是动物能否在生理允许范围内正常、成功地应对环境变化。在这一定义下，可用动物的生理学指标评价其福利水平。例如，可以测定肾上腺皮质激素、去甲肾上腺素、心率等指标。但生理指标与动物福利间的关系还未完全清晰，而且很多激素指标是瞬时的、受多种因素影响的。

第三种是自然生活式定义。这一动物福利定义认为，动物的自然行为是否被允许和动物是否过着自然的生活成为动物福利的评判标准。如果动物能够自然地表达其在自然环境下的绝大多数自然行为，则动物福利得到了很好的满足。与主观感受式定义相似，因农场中本质上与自然状态不同，如何评价动物是否表达了其自然天性成为难点。

目前，按照国际上通认的说法，动物福利被普遍理解为五大自由：①享受不受饥渴的自由——生理福利；②享有生活舒适的自由——环境福利；③享有不受痛苦、伤害和疾病的自由——卫生福利；④享有生活无恐惧和无悲伤的自由——心理福利；⑤享有表达天性的自由——行为福利。也就是世界动物卫生组织指出的动物福利评价的 5 项基本原则：免于饥饿、干渴和营养不良，免于身体冷热不适，免于痛苦、伤害和疾病，免于恐惧和焦虑，自由地表达正常行为。

三、动物福利的发展及现状

动物福利观念源自英国并在世界范围内产生了广泛影响，但由于各国的特殊国情和社会环境，在引入动物福利观念的同时并没有照搬英国模式，而是走出了一条有自己特色的道路。目前，国外动物福利立法健全，世界上已有 100 多个国家建立了完善的动物福利法规；国际组织推进工作力度大，世界动物卫生组织、联合国粮农组织等国际组织在部分发达国家倡导下参与了很多动物福利相关工作并制定了相应标准、准则；非营利公益组织也积极推进动物福利，动物福利已经形成大众的潜意识，并且动物福利肉蛋奶市场成熟、监管体系健全。

1822 年，英国议会通过了《马丁法案》，禁止残忍和不当地对待动物。《马丁法案》标志着现代动物福利事业的兴起，促进了动物福利事业在世界范围内的发展[7]。英国最早制定了《动物福利法》，欧盟其他国家以该法为基础结合实际情况制定了本国的《动物福利法》。欧盟是动物福利的积极倡导者，其保护动物福利的相关法律法规也最完善，而且设有专门的机构负责法律法规的监督与执行。欧盟至今已有几十项关于动物福利的法律法规，涵盖动物的饲养、运输、屠宰和实验等方面。

1865 年，亨利·博格从英国把反虐待动物理念引入美国，并在美国建立了反虐待动物协会；1873 年通过的《28 小时法》是美国第一部反虐待动物立法，其中明确规定不允许 28 小时连续运输牲畜而不提供饮水、饲料和休息。1926 年，英国科学家查尔斯·休姆认为，为了解决试验动物福利与科学进步之间的矛盾，动物福利问题应依靠科学的方法解决。直至 1966 年，美国迫于压力，通过了《实验室动物福利法》，标志着美国社会正式接受了英国的动物福利理念。1980 年，受美国科学家玛丽安·斯特普的《动物痛苦：动物福利科学》一书影响，越来越多的美国科学家开始承认动物痛苦的真实性与可测量性，并放弃了动物机器的观念。20 世纪 90 年代以来，在动物福利组织的推动下，很多农场动物行业协会纷纷制定自己的动物福利技术规范标准，其中不乏以关怀伦理为基础的农场动物福利标准[8]。

澳大利亚的动物福利工作处于国际领先地位，是较早进行动物福利立法的国家之一。澳大利亚制定的《动物福利示范守则》代表了其动物福利的主要内容，包括动物的饲养和运输两方面。其中，饲养方面包含环境、饮水、饲喂、人员培训、设施设备和日常保护；运输方面包含运输原则、人员职责、运输前准备、运输中注意事项和运输后的保护[9]。

第四节　我国动物福利发展

动物福利在国外已有 100 多年的历史，欧盟的动物福利体系已非常成熟。动物福利对于我国仍然是个新事物，其推广仍处于起步阶段。虽然我国在动物福利领域相对于欧盟还存在许多缺点和不足，但近年来，在相关部门和动物福利机构的努力下，我国在动物福利认知、动物福利科研、动物福利标准规则、动物福利立法、动物福利生产等方面均有所提高。

一、动物福利认知

谈到动物福利，我国公众一般会有两个认知上的误区：一是多数人认为动物福利是为动物提供高于其基本需求的额外的好处或利益，从而认为动物福利是高不可攀的，是需要投入大量成本的。二是一些人将动物福利与动物权利混淆。动物福利者主张在合理利用动物的同时，要尽可能地减少给动物带来不必要的痛苦和应激[9]，尽可能地使动物享有5项基本原则，最终目的是保证畜禽产品的质量安全和生态安全。而动物权利者则主张地球上所有的动物都是平等的，动物和人享有同等的权利，动物应该被当做人同等看待，他们反对利用动物。

2013年，教育部将动物福利与动物保护正式纳入普通高校的主干课程，动物福利也纳入执业兽医资格考试范围，表明我国已经全面开启从业人员相关动物福利资质的课程培训。同时，包括"973"、"863"、国家科技支撑计划、行业科技项目等多类国家科研计划均已开始涉及畜禽健康养殖、生产应激管理和动物福利改善。这些科技项目的设立和实施表明，我国从国家层面非常重视对农场动物福利的研究和应用，以促进畜牧业的可持续发展。同时，我国公众对于动物福利的认知水平也逐渐提高。2014年，全国范围内的调查问卷结果表明，超过80%的调查对象愿意购买在良好福利状况下养殖、运输和屠宰的畜禽产品，并有近70%的调查对象表示愿意接受高于市场10%的价格。目前，我国消费者的购买意愿正发生着变化，消费者普遍倾向于购买可以明确识别品牌的肉制品，且多数消费者将之转化为行为习惯。将近90%的消费者愿意购买高福利猪肉产品，近77%的消费者愿意购买给猪高福利的零售商的猪肉产品[10]。

二、动物福利科研

动物福利不是单一的学科，而是一门学科体系，由多学科渗透、交叉形成[11,12]，主要涉及农业科学、理学及哲学领域（图1-1）。评估动物福利是困难的，一直以来，评估动物福利指标的测定方法是该领域的研究难点。研究表明，哺乳动物可以感受到疼痛，也有情感表达。但不同动物的行为需要有所不同，动物福利的评估也因物种而异。目前，尚无准确、直接的测定方法来评估动物的心理和精神状态。通过对采食量、日增重、肢蹄损伤、饲养密度、环境质量等的观测是目前常用的评估方法，但这些并不能全面准确地表达动物的福利状态。此外，评估动物福利还需要主观的评价，截至目前，尚未有量化模型对其进行评估。

我国在动物福利方面的科学研究相对落后，尚未形成完整的研究体系。但我国的大学里也陆续增开了动物保护和福利方面的相关课程，相关学者和专家也开始从不同层面去论证动物福利的必要性并寻求应用和立法途径。

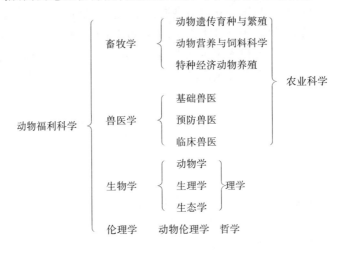

图 1-1　动物福利学科体系

三、动物福利标准规则

2014 年 5 月，我国首部农场动物福利团体标准——《农场动物福利要求 猪》（T/CAS 235—2014）发布，填补了我国动物福利标准的空白。截至 2017 年底，《农场动物福利要求》系列标准已涵盖肉牛、肉用羊、蛋鸡和肉鸡。目前，水禽、奶牛、绒用羊福利标准正在起草中。2016 年初，我国被正式纳入 ISO 动物福利工作组，参与《食品链企业动物福利管理要求和指南》的制定工作，并于 2016 年 12 月 1 日正式发布。随着我国政府对动物福利工作的重视，动物福利行业标准也逐步开展。目前，农业农村部主导的动物福利行业标准——《动物福利评价通则》《家畜动物福利通用准则》《家禽动物福利通用准则》已通过终审。标准的制定从我国现有的科学技术和社会经济条件出发，并参考了国外先进的农场动物福利理念，采纳了众多养殖产业链上相关企业的意见和建议，更具可操作性。标准适用于农场动物中养殖、运输、屠宰及加工全过程的动物福利管理。标准的实施为我国开展动物福利工作提供了理论支持，为广大企业开展福利生产提供了理论指导，对促进我国养殖业的良性发展和动物源性食品的质量安全具有重要意义。

四、动物福利立法

1998 年，我国出台了《野生动物保护法》，明确了野生动物的法律地位。2006 年 7 月 1 日起实行的《畜牧法》中增加了"国务院畜牧兽医行政主管部门应当指导畜牧业生产改善畜牧繁育、饲养、运输条件和环境"一条，体现了动物福利精神。2008 年，我国在全国范围内开展人道屠宰培训，并起草完成了人道屠宰草案。2017 年，在十二届全国人大五次会议上，安徽省农业科学院副院长赵皖平建议加快推进我国农场动物福利立法，给农场动物提供人道的饲养方式，推动我国养殖业向健康、高效、安全的方向迈进。

五、动物福利生产

我国推广动物福利以来，在努力提高公众认知的同时，也着力于动物福利在实际畜牧生产中的应用。目前，动物福利在猪、肉鸡、蛋鸡、肉牛、肉羊、奶牛的生产中都有涉及。

目前，针对肉羊福利生产的研究也逐步展开，已涉及养殖、运输、屠宰和肉品质。肉羊养殖环节中常见的福利问题多表现为环境不良或管理不到位导致的蹄肢病、消化系统疾病以及人员操作不当对羊只造成的应激。运输环节中的福利问题主要表现在转移羊只的人员操作、装载密度、运输时间和距离、温湿度等。若处理不当会造成羊只严重应激，使肉品质下降。国内已有部分地区和企业开展福利肉羊养殖，在人员管理、环境设施、营养调控、疾病防控等方面遵守福利养殖规范。实践表明，福利养殖确实能够改善肉羊整体健康状况，提高肉品品质，提升产品竞争力。

本章参考文献

[1] 顾宪红. 动物福利和畜禽健康养殖概述 [J]. 家畜生态学报，2011，32 (6)：1-5.

[2] 石有龙. 中国畜牧业发展现状与趋势 [J]. 兽医导刊，2018 (11)：7-10.

[3] 李保明. 畜禽健康养殖模式与环境控制技术进展 [J]. 中国猪业，2012，7 (12)：11-12.

[4] Gavinelli A，Rhein C，Ferrara M. European policies on animal welfare and their effects on global trade [J]. Farm Policy Journal，2007，4 (4)：11-21.

[5] 王常伟，顾海英. 动物福利认知与居民食品安全 [J]. 财经研究，2016，42 (12)：16-26、107.

[6] 顾宪红. 畜禽福利与畜产品品质安全 [M]. 北京：中国农业科学技术出版社，2005.

[7] 张敏，严火其. 从动物福利、动物权利到动物关怀 [J]. 2018 (9)：63-68.

[8] 李柱. 国内外动物福利的发展历史及现状 [J]. 2012，14 (7)：7-9.

[9] 李昂. 澳大利亚动物福利法律内容及动物福利要素 [D]. 呼和浩特：内蒙古农业大学，2012.

[10] 张振玲. 新态势下农场动物福利与我国畜产品概述——从畜产品安全与品质、品牌、国际贸易和公众消费意愿等角度看 [J]. 中国畜牧业，2018 (21)：42-44.

[11] 孙忠超，贾幼陵. 论动物福利科学 [J]. 动物医学进展，2014 (12)：153-157.

[12] 严火其，郭欣. 科学与伦理的融合——以动物福利科学兴起为主的研究 [J]. 自然辩证法通讯，2017 (6)：76-83.

第二章

羊的生活习性和生物学特性

羊的生活习性和生物学特性是环境因素的长期作用与遗传因素作用共同决定的。了解羊的生活习性，总结、概括羊的生活特点，是制定饲养管理制度、提高羊的福利水平和生产性能的基础。研发羊的福利养殖技术，合理、巧妙地利用羊的生活习性和生物学特性，既能提高生产效率，也能保证羊只健康和产品安全。

第一节　羊的生活习性

一、合群性

羊是草食动物，在食物链中处于较低等级，在长期的进化过程中为抵御野兽、适应生存和繁衍而形成了群居习性。群居能够为群内动物个体提供多种利益，如群居的个体能够更好地躲避天敌的捕食，增强与同种其他种群的资源竞争，增加生殖机会与生殖成功率，使信息在个体之间顺畅地交流等[1,2]。

家畜中绵羊的合群性最强，很容易建立起群居结构。绵羊接收和传递各种信息的主要途径有视觉、听觉、嗅觉、触觉等，通过这些感受器官保持和调整群体成员之间的活动。羊蹄有蹄趾腺，能分泌一种带有特殊气味的脂肪性物质，羊只能根据遗留于草地上的这种气味追寻羊群[3]。

山羊也喜欢群居，离群的个体往往鸣叫不安。羊群体结构的稳定性离不开头羊和群体内的优胜序列。通常在羊群中先是相互熟悉的羊之间形成小群体，再由小群体构成大群体。在自然群体中，头羊多为年龄较大、后代较多的母羊。

合群性与品种、季节等因素相关。一般来讲，粗毛羊的合群性比细毛羊和引进肉用羊强，牧草丰盛的夏秋季好于牧草较差的冬春季。

合理利用羊的合群性，可方便生产管理。例如，在羊群换草场、出入圈舍、通过危险路段等活动时，只要头羊先行，其他羊也会跟随前进并发出叫声保持联系。但合群性也有不利于管理的一面。例如，有少数羊混了群，其他羊也相继混入，在管理上带来很大的不便；或少数羊受了惊，其他羊也跟上狂奔。所以，管理上应避免混群和"炸群"。

二、采食能力强

羊的嘴尖、唇薄而且灵活，牙齿锋利，上唇的中间有一条明显的纵沟，没有上切齿，下颚门齿向外有一定的倾斜度，齿根嵌入齿槽内较深，结构牢固，有利于采食地面低草、小草、花蕾和灌木枝叶，也能很充分地咀嚼草籽。因为羊善于啃食很短的牧草，只要不过牧，可以进行牛羊混牧，或在不能放牧马、牛的短草牧场牧羊。

绵羊可利用的植物种类很广泛，可采食天然牧草、灌木、农副产品作为饲料。据试验，在半荒漠草场上，有66%的植物种类为牛所不能利用，而绵羊、山羊则仅为38%。在对600多种植物的采食试验中，山羊能食用其中的88%，绵羊为80%，而牛、马、猪则分别为73%、64%和46%，说明羊的食谱较广，也反映出羊对过分单调的饲草料容易感到厌腻[4]。

粗毛羊和细毛羊比较，粗毛羊爱挑草尖和草叶，边走边吃，移动较多，游走较快，能扒雪吃草，对当地毒草有较高的识别能力；而细毛羊及其杂种游走较慢，常落在后面，扒雪吃草和识别毒草的能力也较差。

山羊比绵羊利用饲料的范围更广泛。山羊喜吃短草、树叶和嫩枝，在不过牧的情况下，山羊比绵羊能更好地利用灌木丛林、短草草地以及荒漠草场。甚至在不适于饲养绵羊的地方，山羊也能很好地生长。

山羊和绵羊的采食特点有明显不同：山羊后肢能站立，有助于采食高处的灌木或乔木的嫩幼枝叶，而绵羊只能采食地面上或低处的杂草与枝叶[5]；绵羊与山羊合群放牧时，山羊总是走在前面抢食，而绵羊则慢慢跟随后边低头啃食；山羊舌上味觉发达，对各种苦味植物较乐意采食[6]。

三、喜干厌湿

羊的生活场所都以干燥为宜，如果长期生活在潮湿甚至泥泞的地方，羊患寄生虫病和腐蹄病的概率会大大增加，也会使毛质降低、脱毛加重。不同的绵羊品种对气候的适应性不同：细毛羊喜欢温暖、干旱、半干旱的气候，而肉用羊和肉毛兼用羊则喜欢温暖、湿润、全年温差较小的气候。但长毛肉用品种的罗姆尼羊，较能耐湿热气候和适应沼泽地区，对腐蹄病有较强的抵抗力。山羊适于在干燥凉爽的山区生活。在羊舍中，山羊喜在较高的地方站立和休息。山羊较绵羊耐湿，在南方的高湿高热地区，较适于山羊饲养。

根据羊对于湿度的适应性，一般相对湿度高于85%时为高湿环境，低于

50％时为低湿环境。所以，我国北方很多地区适于养绵羊特别是养细毛羊，而在南方的高湿高热地区较适于养山羊和肉用绵羊。

四、嗅觉灵敏

羊的嗅觉相关腺体发达，其嗅觉比视觉和听觉灵敏。

羊靠嗅觉表达母性识别行为。母羊能通过嗅觉鉴别出自己的羔羊，羔羊哺乳时母羊总要先嗅其臀尾部以辨别是不是自己的羔羊。这一特性可被用于羔羊的寄养，在被寄养的羔羊身上涂抹保姆羊的羊水或尿液，保姆羊认为是自己的羔羊，寄养就会成功。

羊靠嗅觉辨别植物种类或枝叶。在采食时，羊能依据植物的气味和外表细致地区别出各种植物或同一植物的不同品种（系），选择含蛋白质多、粗纤维少、没有异味的牧草采食。

羊喜欢清洁干净饮水，可依靠嗅觉识别水是否干净。

五、善于游走

游走有助于增加放牧羊只的采食空间，特别是牧区的羊终年以放牧为主，需长途跋涉才能吃饱喝好，放牧一天游走距离可达10km以上。

游走能力与羊的品种、牧草状况、牧场条件相关。兰布列羊每日游走的距离比汉普夏羊多25％，雪维特羊在山地牧场上和平原草场上每日游走的距离分别为8km和9.8km，而同是长毛种的罗姆尼羊则分别为5.1km和8.1km。在接近配种季节、牧草质量差时，羊只的游走距离加大，游走距离常伴随放牧时间而增加。

六、爱清洁

绵羊采食干净的饲草，喜欢饮用清洁的流水、泉水或井水。凡经践踏污染的草，羊都不愿再采食，不吃混入粪尿泥土的精料，而对污水、脏水等拒绝饮用。山羊在采食各种草料之前，先用鼻子嗅一嗅然后再吃，不愿采食被污染的草料。舍饲时，不愿采食掉在地上被践踏过的饲草，不愿饮用被污染的水。因此，要经常清理料槽和水槽，以保持清洁。

七、适应性强

适应性是由许多性状构成的一个复合性状，主要包括耐粗、耐渴、耐热、耐寒、抗病、抗灾度荒等方面的表现。这些能力的强弱，不仅直接关系到羊生产力的发挥，同时也决定着各品种的生存进化。山羊的适应性较绵羊强，可以在绵羊难以生存的干旱贫瘠的山区、荒漠地区和一些高温高湿地区生存。因此，山羊的分布范围比绵羊广。

（一）耐粗性

绵羊在极端恶劣条件下，具有令人难以置信的生存能力，能依靠粗劣的秸秆、树叶维持生活。山羊更能耐粗，除能采食各种杂草外，还能啃食一定数量的草根、树皮，比绵羊对粗纤维的消化率要高出 3.7%。

（二）耐渴性

绵羊的耐渴性较强，尤其是当夏秋季缺水时，能在黎明时分沿牧场快速移动，用唇和舌接触牧草，以便更多地搜集叶上凝结的露珠。在野葱、野韭、野百合、大叶棘豆等牧草分布较多的牧场放牧，可几天乃至十几天不饮水。山羊比绵羊更能耐渴，山羊每千克体重代谢需水 188mL，绵羊则需水 197mL。

（三）耐热性

大多数羊虽有汗腺，但并无排汗功能，散热机能差[7]。绵羊的汗腺不发达，蒸发散热主要靠喘气，其耐热性较差。当夏季中午炎热时，常有停食、喘气和"扎窝子"等表现。相比细毛羊，粗毛羊更能耐热。粗毛羊只有当中午气温高于 26℃时才开始"扎窝子"，而细毛羊在 22℃左右就有这种表现。

研究表明，在 30℃以上高温环境下，湖羊的耐热性能最好，平均耐热系数为 88.90；新西兰罗姆尼羊次之，系数为 77.30；英国罗姆尼羊最差，系数为 75.90。湖羊与罗姆尼羊之间的差异均极显著（$P<0.01$）。新西兰罗姆尼羊与英国罗姆尼羊之间差异不显著（$P>0.05$）。气温在 24～29℃时，耐热系数分别为：湖羊 96.2～99.8，新西兰罗姆尼羊为 87.2～94.4，英国罗姆尼羊为 81.8～87.2。湖羊与新西兰罗姆尼羊差异不显著（$P>0.05$）。湖羊与英国罗姆尼羊之间差异极显著[8]。

在炎热的夏季，强烈的太阳辐射对羊的热调节很不利，尤其是被毛稀疏、隔热作用不良的羊及刚剪毛的绵羊。如果在草地放牧或舍外的运动场，太阳辐射使羊的热平衡遭到破坏，影响羊的正常采食和运动，从而导致肉羊增重减少、生产性能降低，不利于肉羊生产。高温时，太阳辐射会使羊获得过多的外来热量，影响羊热调节系统的正常工作导致机体热平衡的破坏，对羊的健康和生产力造成非常不利的影响。因此，夏季应更多地注意太阳辐射热对羊的影响。

山羊比绵羊耐热，从不"扎窝子"，气温 37.8℃时仍照常东游西窜、继续采食。

（四）耐寒性

绵羊有厚密的被毛和较多的皮下脂肪，可以减少体热散发，故较耐寒。细毛羊及其杂种的被毛虽厚，但皮板较薄，故其耐寒能力不如粗毛羊；长毛肉用羊原产于英国的温暖地区，皮薄毛稀，引入气候严寒之地，为了增强抗寒能力，皮肤常会增厚，被毛有变密、变短的倾向。没有厚密的被毛和较多皮下脂肪的山羊，体热散发快，所以耐寒性低于绵羊。但绒山羊在入冬前会有新生绒毛生长，所以其抗寒能力也较强。

寒冷是北方牧区畜牧业的不利因素。如果寒冷时放牧，羊会因游走、抗寒、热增耗、饮冰水等因素消耗 700g 以上优质牧草。加之此时期牧草质量不高，可消化纤维素含量低、木质化程度高，极易引起放牧羊营养不良、营养代谢病高发、妊娠母羊流产等。因此，北方牧区冬季羊放牧生产易导致严重的福利问题。这种情况可通过转变生产方式，开发福利型日光羊舍，采用全舍饲饲养的同时结合低成本全价饲料、营养舔砖等营养调控措施得到有效解决，改善羊的福利状况。

（五）抗病力

"羊吃百草治百病"，放牧条件下的羊只要能吃饱饮足，全年发病较少，尤其是在夏秋季节膘肥时期更是体壮少病。但在舍饲条件下，羊的饲料种类简单，饲料来源相对固定，导致发病概率增加。

膘情好时，羊对疾病的耐受能力较强，一般不表现症状，有的濒死还勉强采食。粗毛羊的抗病能力较细毛羊及其杂种强。山羊抗病能力强于绵羊，感染内寄生虫和腐蹄病的也较少。正是由于抗病力强，往往在发病初期不易被发觉，没有经验的牧工发现病羊时，多数病情已很严重，失去治疗价值。因此，生产中要极为细心地观察羊的精神状态，及时发现病羊。

（六）抗灾度荒能力

抗灾度荒能力是指羊对恶劣饲料条件的忍耐力，其强弱除与放牧采食能力有关外，还取决于脂肪沉积能力和代谢强度。不同品种绵羊的抗灾能力不同，因灾死亡的比例相差很大。例如，蒙古羊有独特的"大尾巴"，主要由脂肪组成，在饲草料匮乏时会消耗这部分脂肪供能，增加其抗灾能力；生产上也能利用这种特性减少一定的饲草料投入，降低养殖成本。细毛羊因羊毛生长需要大量的营养，而且被毛厚重，容易乏瘦，其损失比例明显较粗毛羊大；公羊因强悍好斗，异化作用强，特别是配种时期体力消耗大，如果不能及时补饲，其损失比例要比母羊大，特别是育成公羊。山羊因食量较小，比绵羊能更好地利用灌木丛林，能够利用大家畜和绵羊不能利用的牧草，食性较杂，可开辟更多新的食物来源。所以，山羊抗灾度荒能力强于绵羊[9]。

八、羊的性情

绵羊是最胆小的家畜，性情温驯，胆小易惊，反应迟钝，易受惊吓。绵羊可以从暗处到明处，而不愿从明处到暗处。遇有物体折光、反光或闪光，绵羊常表现畏惧不前，例如，羊舍通风设备的扇叶旋转形成的光线明暗变化，水面、羊舍门窗栅条的折射光线，窄缝的透光等。尤其是在运输装卸、驱赶进入封闭的小圈舍时，怕光表现得更为明显。因此，生产中要尽量避免上述光线，为羊提供较好的光环境。当遇兽害时，绵羊群四散逃避，不会联合抵抗。

山羊机警灵敏，大胆顽强。在放牧中个别山羊离群后，牧工给予适当的口令，山羊就会很快地跟群。在羊群中选择体大灵活的山羊，去势后训练为头羊，按照牧工的指令带领羊群前进、停止。当遇兽害时，山羊能主动大呼求救，并且有一定的抗御能力。山羊喜角斗，角斗形式有正向互相顶撞和跳起斜向相撞两种，绵羊则只有正向相撞一种[10]。

第二节　羊的生物学特性

羊的生物学特性以生态学、生理学、营养学、内分泌学、遗传学、群体学、生物学和管理学为基础，研究羊的自然活动、日常行为、性情表现等。羊的采食、求偶和争斗等都是生物学特性的一部分。

羊的行为是对刺激和外界环境适应的反应，不同的羊之间行为反应不同，这种反应可利于羊在逆境中生存、生长发育和繁衍后代。羊的行为习性有的取决于先天遗传的内在因素，有的取决于后天的调教、训练等外在因素，行为反应是内在因素和外在因素相互作用的结果。在羊的繁殖、育种、饲养、管理等各环节中，要根据其生物学特性制定科学合理的措施。要满足羊的福利，要在饲养过程中首先考虑羊的这些生物学特性是否得到了满足或满足程度如何。

一、消化与吸收特性

(一)羊消化系统的主要结构

羊属于典型的反刍家畜，胃分为瘤胃、网胃、瓣胃和皱胃4个室。其中，瘤胃、网胃、瓣胃合称前胃，前胃黏膜无胃腺，与单胃的无腺区相似；皱胃也称为真胃、第四胃，胃壁黏膜有腺体，功能与单胃动物的胃相同。各胃室容积占胃总容积比例明显不同（表2-1）。羊没有上切齿和犬齿，主要依赖上齿垫和下切齿、唇和舌头采食。

表 2-1　羊各胃室容积比率

单位：%

羊别	瘤胃	网胃	瓣胃	皱胃
绵羊	78.7	8.6	1.7	11.0
山羊	86.7	3.5	1.2	8.6

资料来源：赵有璋，2013.中国养羊学［M］.北京：中国农业出版社.

1. 瘤胃和网胃　瘤胃容积最大，呈前后稍长、左右略扁的椭圆形，大部分位于腹腔右侧。瘤胃的前方与网胃相通，后端达骨盆前口。左侧面（壁面）与脾、膈及左侧腹壁相接触；右侧面（脏面）与瓣胃、皱胃、肠、肝、胰等接触。背侧缘隆凸，以结缔组织与腰肌、膈脚相连；腹侧隆凸，与腹腔底壁接触。在瘤胃壁的内面，有与上述各沟相对应的肉柱。沟和肉柱共同围成环状，把瘤胃分成瘤胃背囊和瘤胃腹囊两部分。瘤胃的前端有通网胃的瘤网口。瘤胃口大，其腹侧和两侧有瘤网褶。瘤胃的入口为贲门，在贲门附近，瘤胃和网胃无明显分界，形成一个穹隆，称为瘤胃前庭。瘤胃黏膜一般呈棕黑色或棕黄色，表面有无数密集的乳头。乳头大小不等、较短，以瘤胃腹囊和盲囊内的最为发达。肉柱和前庭的黏膜无乳头。

据测定，绵羊的胃总容积为 30L 左右，山羊为 16L 左右。瘤胃容积最大，其功能是储藏在较短时间采食的未经充分咀嚼而咽下的大量饲草，待休息时反刍。

网胃略呈梨形，前后稍扁，大部分位于体中线的左侧，在瘤胃背囊的前下方，与第六至第八肋骨相对，比皱胃大。网胃的壁面（前面）凸，与肝、膈接触；脏面（后面）平，与瘤胃背囊贴连。网胃的下端称为网胃底，与膈的胸骨部接触。网胃上端有瘤网口，与瘤胃背囊相通；瘤网口的右下方有网瓣口，与瓣胃相通。网胃下部向后弯曲与皱胃相接触。

网胃黏膜形成许多多边形的网格状褶皱，网格较大但周缘褶皱较低，形似蜂房。房底还有许多较低的次级褶皱再分为更小的网格。在褶皱和底部密布细小的角质乳头。食管沟的黏膜平滑、色淡。

瘤网胃内有大量的能够分解消化食物的微生物，构成一个有多种微生物的厌氧系统。羔羊出生时，瘤网胃不具有功能，皱胃相对来说是最大的，此时类似于非反刍动物。瘤网胃的发育过程需要建立微生物区系，这一过程与是否摄入干饲料有关，瘤网胃内微生物区系的建立是通过饲料和个体间的接触产生的。因此，瘤胃只是在羔羊开始采食干饲料时才逐渐发育，等到完全转为反刍型消化系统，自然哺乳羔羊需要 1.5～2 个月；而早期断奶羔羊，如在人工哺乳或自然哺乳阶段实行早期补饲时，仅需要 4～5 周。

2. 瓣胃　瓣胃较皱胃小，呈卵圆形，在瘤胃与网胃交界处的右侧。瓣胃右侧为肝和胆囊，左侧为瘤胃，腹侧为皱胃，不与腹壁接触。大弯凸，朝向右后方；小弯凹，朝向左前方。在小弯的上、下端有网瓣口和瓣皱口，分别通网胃和皱胃。两口之间有沿小弯腔面延伸的瓣胃沟，液体和细粒饲料可由网胃经此沟直接进入皱胃。瓣胃黏膜形成百余片新月状的瓣叶，附着于瓣胃壁的大弯，游离缘向着小弯，瓣叶可分为大、中、小 3 级，呈有规律的相间排列，将瓣胃腔分成许多狭窄而整齐的叶间间隙，瓣叶上密布粗糙的角质乳头，对食物起机械压榨作用。瓣皱口两侧的黏膜形成一对皱褶，称为瓣胃帆，有防止皱胃内容物逆流入瓣胃的作用。瓣胃犹如一个过滤器，分离出液体和消化细粒，并输送入皱胃。另外，进入瓣胃的水分有 30%～60% 被吸收，同时也有相当数量（40%～70%）的挥发性脂肪酸、钠、磷等物质被吸收。这一作用总的效果是显著减少进入皱胃的食糜体积。

3. 皱胃 皱胃呈一端粗一端细的梨形长囊，在网胃和瘤胃腹囊的右侧、瓣胃的腹侧和后方，大部分与腹腔底壁紧贴。皱胃的前部粗大，为底部，与瓣胃相连；后部较细，为幽门部，以幽门和十二指肠相接。幽门部在接近幽门处明显变细，壁内的环形肌特别增厚，在小弯侧形成一幽门圆枕。皱胃小弯凹而向上，与瓣胃接触；大弯凸而向下，与腹腔底壁接触。皱胃黏膜光滑、柔软，在底部形成 12～14 片螺旋形大皱褶，黏膜内含有腺体，可分为 3 部分：环绕瓣皱口的一小区色淡，为贲门腺区，内有贲门腺；进入十二指肠的一小区色黄，为幽门腺区，内有幽门腺；在前两区之间有螺旋形大皱褶的部分红色，为胃底腺区，内有胃底腺。腺体分泌胃液，主要是盐酸和胃蛋白酶，对食物进行化学性消化。

4. 小肠 羊的小肠细长曲折，长约 25m，相当于体长的 26～27 倍。小肠管径较小，黏膜形成许多环形皱褶和微细的肠绒毛，突入肠腔以增大与食物的接触面积。小肠部的消化腺很发达，有壁内腺和壁外腺两类。壁内腺除有分布于整个肠管壁固有膜的肠腺外，在十二指肠和空肠前段的黏膜下层内还分布有十二指肠腺；壁外腺有肝和胰，可分泌胆汁和胰液，由导管通入十二指肠内。消化腺的分泌物内含有多种酶，能消化各种营养物质。分解的营养物质被小肠吸收，未被消化吸收的食物随小肠的蠕动进入大肠。

5. 大肠 大肠的直径比小肠大，长度比小肠短，约为 8.5m，黏膜内没有肠绒毛。大肠的主要功能是吸收水分和形成粪便。在小肠未被消化的食物进入大肠，也可在大肠微生物和由小肠带入大肠的各种酶的作用下继续消化吸收，余下部分排出体外[11]。

（二）瘤胃的功能

羊作为反刍动物，与其他单胃动物消化最大的区别在于前胃功能，尤其是瘤胃在消化过程中的作用举足轻重。

1. 瘤胃内环境 瘤胃是一个高效连续接种的供厌氧微生物繁殖和生活的活体厌氧环境发酵罐。瘤胃内食物和水分组成相对稳定，瘤胃内容物干物质占 10%～15%，水分占 85%～90%，保证微生物繁殖所需要的各种营养物质；瘤胃内渗透压稳定，接近血浆水平，只在采食后会出现短暂升高，3～4h 后降至饲喂前水平；瘤胃温度因微生物连续不断地发酵饲料底物，所以比羊的体温高 1～2℃，一般为 38.5～40℃；瘤胃内 pH 在 5.0～7.5，呈中性略偏酸性，瘤胃内有大量微生物发挥微生物消化功能，其中细菌最适宜 pH 为 6～7，原虫为 5.8，厌氧性真菌为 7.5；瘤胃内容物具有良好的缓冲能力，保证瘤胃 pH 在适宜范围内。在瘤胃内起缓冲作用的物质有重碳酸盐、磷酸盐、挥发性脂肪酸（volatile fatty acids，VFA）。在瘤胃内，CO_2 占 50%～70%，CH_4 占 20%～45%，氢气、氮气较少，O_2 几乎不存在。即使有随饲料和饮水进入的少量氧气存在，嗜氧性细菌直接利用使瘤胃仍能保持良好的厌氧条件和还原状态。瘤胃内氧化还原电位（Eh）表示瘤胃的活动程度，其值在 -250～$450mV$ 变化。Eh 为负值时，表示发生了较大的还原作用，瘤胃处于厌氧状态；Eh 为正值时，则表示发生了氧化作用，瘤胃处于需氧环境。氧化还原电位与 pH 密切相关，当 pH 高时，Eh 高；当 pH 低时，Eh 低。

2. 瘤胃消化功能 瘤胃内含有大量微生物，主要包括原虫、细菌和厌氧真菌，其中每毫升瘤胃内容物含原虫（0.2～2.0）$\times 10^6$ 个，含细菌（0.4～6）$\times 10^{10}$ 个，按鲜重计算二者总重达 3～7kg。厌氧真菌占瘤胃微生物菌群的 8%。此外，还有酵母类的微生物和噬菌体、病毒等。

细菌主要有纤维分解菌、蛋白分解菌、脂肪分解菌、纤维合成菌、淀粉分解菌、维生素合成菌、甲烷产气菌、产氮菌等，主要是分泌酶进行消化；厌氧真菌主要是从内部使纤维强度降低，使其在反刍时易被破碎，为瘤胃纤维分解菌在纤维碎粒上栖息、繁殖创造了条件，对纤维的物理性降解有重要作用。原虫的主要底物是淀粉和可溶性糖，以聚糊精形式储存，降低瘤胃液内淀粉和可溶性糖分的浓度，控制挥发性脂肪酸（VFA），从而达到维持 pH 稳定的目的，原虫也可以利用纤维素。采食纤维性饲料为主的饲粮时，原虫浓度下降，采食淀粉和可溶性糖分含量高的饲料时，原虫浓度增加。

瘤胃对蛋白质的消化是微生物先将饲料蛋白质水解成肽和氨基酸，多数氨基酸再进一步降解为挥发性脂肪酸、氨和二氧化碳。瘤胃中 80% 的微生物能利用氨，其中又有 26% 只能利用氨，有 55% 能利用氨和氨基酸，少数能利用肽。原生动物不能利用氨，但可吞噬细菌和其他含氮物质获得氮。饲粮中，40%～80% 的蛋白质在瘤胃中可被降解成为瘤胃可降解蛋白（rumen degradable protein，RDP）；瘤胃中不能降解的饲粮蛋白质称为瘤胃未降解蛋白或过瘤胃蛋白（rumen undegradable protein，UDP）。蛋白质在瘤胃中降解产生的氨可被瘤胃壁吸收进入血液，经血液循环到达肝脏后被代谢成尿素，生成的尿素一部分经唾液和血液回到瘤胃被微生物降解成氨，构成氨和尿素的不断循环，称为瘤胃氮素循环。虽然氮素循环提高氮的利用率，但正常情况下大部分尿素随尿液排出而不被利用。如果蛋白质或含氮物在瘤胃中降解速度过快、微生物利用氨的能力小，氨会在瘤胃内蓄积超过微生物能利用的最大氨浓度，导致过多的氨进入血液造成氨中毒。

羊在幼龄时对碳水化合物的消化、吸收与非反刍动物相似，因此羔羊 30 日龄左右才开始喂给优质干草。而成年羊因存在前胃消化，与单胃动物相差较大。羊的口腔中唾液多而淀粉酶很少，碳水化合物在口腔内变化很小，粗纤维在口腔内基本不发生变化。前胃是羊消化碳水化合物的主要场所。羊采食的粗纤维和无氮浸出物 70%～90% 被前胃内微生物消化。其中，瘤胃内消化的碳水化合物占总采食量的 50%～55%。瘤胃自身不分泌消化酶，只能依靠寄生在其中的微生物发酵作用将碳水化合物降解为 VFA、甲烷和二氧化碳，同时微生物分泌的纤维分解酶将大部分纤维素和半纤维素分解。

对于脂类的消化，羔羊瘤胃尚未发育成熟，与非反刍动物类似。在成熟的瘤胃内，脂类的消化实际上是微生物的消化：①大部分不饱和脂肪酸经微生物作用变成饱和脂肪酸，必需脂肪酸的量减少；②部分氢化的不饱和脂肪酸发生异构变化，产生一些反式异构体结合到体脂和乳脂中；③脂类中的甘油被大量转化成 VFA；④支链脂肪酸和奇数碳原子脂肪酸增加。

总体上讲，瘤胃内微生物将大量不能被宿主动物直接利用的物质转化为被宿主利用的高质量营养素，如尿素、纤维物质、半纤维素等。微生物分泌的多种酶将饲料中的糖、蛋白质等分解成简单营养物质，其中一部分再被合成其自身的菌体蛋白，进入小肠。饲料内 70%～85% 干物质和 50% 以上的粗纤维在瘤胃内消化。但在微生物消化过程中，也有一些能被羊直接利用的营养物质首先被微生物利用，这种二次利用、二次发酵降低了利用效率，特别是能量利用效率。

值得一提的是，羔羊刚出生时的食管沟反射。即在网胃壁的内面有由两片肥厚的肉唇构成的一个半关闭的食管沟。食管沟起自贲门，沿瘤胃前庭和网胃右侧壁向下延伸到网瓣口。沟两侧隆起的黏膜褶，称为食管沟唇，呈螺旋状扭转。未断奶的羔羊食管沟的功能完善，吮乳时能反射性地引起食管沟黏膜褶蜷缩闭合成管，乳汁可直接由贲门经食管沟和瓣胃沟进入皱胃。食管沟反射可以避免乳脂等食物落入功能不完善的瘤胃内，造成消化障碍发生羔羊腹泻等问题。并且人工哺乳时也应注意刺激羔羊发生食管沟反射。食管沟反射随日龄增加逐渐退化[12]。

（三）羊的消化、吸收与福利

羊的消化、吸收与许多代谢性疾病关系密切，常因为饲料加工或储存不当、饲喂不当、管理粗放造成营养代谢病、内科病、中毒甚至死亡，影响着羊的卫生福利、生理福利。

羊的消化、吸收与饲料因素、管理因素等相关。例如，羊一次性采食大量粗纤维含量高的饲料、大量谷物饲料或羊群缺少运动、饮水不足时容易引起瘤胃积食；一次性食入过多易发酵、易膨胀的饲料容易发生瘤胃臌气。反刍是羊的生理本能，羔羊出生后 40d 左右开始反刍。反刍多发生在采食粗饲料之后，反刍中也可随时开始采食；反刍时多侧卧，有时站立。羊每天反刍时间约 8h，分 4～7 次，每次 40～70min。羊的反刍功能与粗饲料密切相关，也是判断羊健康情况的指标，一旦反刍减弱或停止多为生病。羊消化、吸收的异常，常表现为：

1. 瘤胃积食 瘤胃积食主要是因为一次性大量采食精饲料、劣质或不易消化的粗饲料、偷食过多谷物类饲料导致。有时羊群从放牧突然变成舍饲时，因为运动量突然减少、精料量增加，容易引发瘤胃积食。另外，突然停水导致的饮水不足也能引发瘤胃积食。发生积食时，瘤胃运动机能受阻，食物不断在瘤胃内积滞，瘤胃壁明显扩张、容积明显增大。瘤胃壁快速扩张、蠕动缓慢，停止反刍、嗳气，前胃消化机能异常。

2. 瘤胃臌气 羊采食易发酵和易膨胀的饲料后，大量气体积聚引起肚腹胀满，胁部叩诊呈鼓音，病羊呼吸迫促，不采食、不饮水、不反刍、不嗳气。瘤胃臌气还与牧草饲喂不当有关。紫花苜蓿中含有 0.5％～3.5％ 的皂苷，皂苷有降低表面张力的作用。反刍动物采食大量新鲜苜蓿时，可在瘤胃中形成大量、持久的泡沫夹杂在瘤胃内容物中。随着泡沫的不断增多，阻塞贲门时嗳气受阻，也能引发瘤胃臌气。放牧时，要注意不可采食过多的鲜苜蓿。放牧前，饲喂干草等粗饲料可降低采食鲜苜蓿引发的瘤胃臌气。早晨牧草有露水时，不可让羊采食苜蓿。

3. 瘤胃酸中毒 瘤胃酸中毒主要是因为羊摄入的淀粉或其他易发酵的碳水化合物过多，在瘤胃微生物分解作用下产生大量葡萄糖，微生物生长速度加快，特别是只依靠葡萄糖存活的产乳酸菌数量明显增加，瘤胃微生物结构发生变化，生成大量乳酸，抑制乳酸利用菌的增殖而使乳酸水平升高，pH 往往降至 5.5 左右；如果能源和碳源充足，产乳酸菌会继续繁殖，pH 不断下降，瘤胃 pH 低于 5 时发生急性瘤胃酸中毒；如果 pH 降至 5.5 左右，瘤胃内能源和碳源不足，产乳酸菌的繁殖受到抑制，当数量与乳酸利用菌相对平衡时，瘤胃乳酸浓度维持稳定；pH 长期处于 5.5～5.8 时，会发生慢性瘤胃酸中毒。日常饲养管理要避免羊食入过多精饲料或者易于发酵的饲料，尤其是秋季留茬时期，不允许其长时间逗留在残留过多农作物的田地中。在泌乳期的母羊或者育肥羊需增加精料喂量时，注意要逐渐增加，通常要经过 7～10d 的适应阶段。

4. 氨中毒 饲料蛋白质进入瘤胃后，在瘤胃微生物的作用下主要降解为 VFA、氨和二氧化碳。瘤胃氨的浓度与饲料蛋白质或含氮物降解速度、微生物利用氨的能力、能量及碳架供应有关，其范围为 85～300mg/L。如果蛋白质或含氮物降解速度快、微生物利用氨的能力小，氨会在瘤胃内蓄积，导致氨被过多地吸收进入血液引起氨中毒。非蛋白含氮化合物（NPN）在肉羊的营养中有重要意义，合理利用 NPN 可节约优质蛋白质饲料资源，降低饲料成本。但应用不当可能引起羊氨中毒，甚至死亡。

尿素是饲料中常用的 NPN，但是使用不当也最容易引发氨中毒。羊的饲料中使用尿素时应注意：①要有 2～4 周的适应期，用量不超过总氮的 20％；②用尿素提供氮源时，应注意补充硫、磷、铁、锰、钴等矿物元素，且氮硫比应为（10～14）：1；③不能加到水中饲喂；④不能与脲酶活性高的饲料如生大豆、生豆粕等混合；⑤羔羊不可使用。

羊出现消化、吸收的异常时，福利得不到满足。因此，饲养管理人员要做到仔细、认真，防止人为因素引起的消化吸收障碍。

二、母性行为

母性行为是指在哺乳动物中，由雌性动物承担的保护与喂养幼仔的行为。家畜的母性行为是指幼畜出生前后母畜所表现出来的与分娩和育幼有关的行为[13]，包括对生育地点的选择、筑巢、分娩、清理仔畜、对仔畜的辨认、授乳、养育和保护等行为。这些行为可改善其后代的生存条件和帮助后代适应环境，以确保该物种基因的顺利传递。母羊在羔羊生长中的重要性不言而喻，母性行为决定着羔羊的福利状况。母性强的母羊，在羔羊出生后能有效辅助羔羊干燥被毛、建立母仔联系、及时为羔羊哺乳等。母羊母性强，则羔羊的福利状况也相应较好。母性行为也是母羊的正常行为需求，如果母羊母性行为缺失或者异常，也反映出母羊的福利状况较差。

（一）母性行为的表达

良好的母性行为是仔畜存活和适应环境的关键，所以母性行为与畜牧生产的收益密切相关。研究表明，羔羊的死亡 50％发生在出生后 24h 内，1～3d 内有 30％，这与母羊的母性弱有一定的关系[14]。母性行为直接影响后代的存活率[15]，良好的母性行为可为羔羊提供营养及热状态，从而有效降低羔羊的死亡率[16]。

在分娩和羔羊出生之前，母羊表现平淡，偶尔会出现攻击性，即使与其他新生羔羊发生持久的联系也不会表现出母性行为。一旦羔羊出生后，即便是年轻的母羊也会集中精力照料新生羔羊。放牧母羊不会出现做窝行为，通常会在分娩前几天离开羊群寻找合适的产羔场所。这种现象在生产性能高度选育的品种中正在减少，仍有一些母羊表现出这种隔离-寻求行为，花费几小时离开羊群分娩[17]。

羔羊出生后，母羊先从羔羊头部和背部开始强烈地舔舐和修饰，频繁地向羔羊发出低沉的呼唤[18]。伴随着羔羊的站立和寻找乳头行为，母羊花费更多的时间舔舐羔羊生殖器区域，静静地站立让羔羊固定乳头吸吮。经产母羊通过蹲伏和转动后腿让羔羊更容易地寻找到乳房[19]。这些行为一是有助于羔羊从胎儿期向出生后的生活转变，促进快速吃奶；二是有利于母羊、羔羊形成记忆，专一性地对自己的羔羊发生母性照料行为。由于母羊有选择地对待自己的后代，当羔羊不能够与母羊建立联系，将导致其也不会得到其他母羊的照料而不能存活。同样，不具有选择性的母羊其后代也不能够健康成长，因为母羊不可能产生充足的乳汁喂养除了自己后代以外的羔羊。

母羊在分娩后对羔羊形成嗅觉记忆的感应时间非常短。母羊修饰行为的停止时间恰好与经产母羊对羔羊的偏爱性相一致[20]。从最初的近距离嗅觉到后来的视觉和听觉刺激，母性行为通过密切的母仔联系、频繁的相互吸吮和识别羔羊等方面表现出来。如果母羊和羔羊分离，都将表现出强烈的痛苦和焦躁不安。在产后初期，母羊经常用鼻子嗅正在吃奶羔羊的尾巴和臀部，但不会发生相互舔舐或修饰。尽管绵羊防御敌害能力有限，但如果受到小型捕食动物袭击时，母羊会站在羔羊身体上方保护它们[21]。此外，哺乳期母羊比非哺乳期母羊更加警惕，反映出其更想要保护羔羊。

（二）母性行为的产生

初产母羊在分娩 2h 后，也可表现出与经产母羊相同数量的修饰行为和低沉咩叫的声音。分娩结束后，母羊可在与其羔羊的初步接触中学到如何与羔羊建立恰当的母仔联系，随后母羊可能很少阻止羔羊吸吮乳房[19]。母性行为是神经和内分泌共同作用产生的，如催产素、雌激素、孕激素和催乳素等[22]参与调节母性行为，其在动物生产中越来越重要。特别是高产体系，研究母性行为有助于探索影响仔畜成活率的因素[23]。此外，母性还受基因的调控。PRLR 基因外显子 10 的部分序列存在多态性，且与湖羊母性行为部分性状间存在一定的关联性。初步推断 PRLR 基因可作为湖羊母性行为的候选基因[24]。

幼畜的直接刺激，如通过视觉、听觉及嗅觉等感官的感受也能引起母羊神经系统的兴奋，进而产生和维持母性行为。内侧杏仁核和皮质杏仁核参与对羔羊气味记忆的形成，二者在记忆形成和记忆再现过程中都发挥重要作用[25]。羔羊的叫声或母仔之间的声音交流可能在建立母仔联系中非常重要，从而提高羔羊成活率[26]。母羊也会根据视野内的视觉刺激来鉴定自己的后代，头部形态是重要的辨识部位，毛的颜色则不是辨识的依据。不过，视觉和听觉通常作为母羊鉴定后代的辅助方法，但这两种感觉很弱[27]。如果气味相同，母羊会更容易接受具有任何外在特征的其他羔羊。

（三）影响母性行为的因素

一般来说，山区、丘陵地带和更多的原始品种较少受到人类的干扰，通常表现出最高的母性关怀水平；而受到高强度选择和饲养的动物则在母性行为方面表现出较大的变异，表现出低质量的母性关怀[28]。母性行为评分差的母羊其羔羊至断奶时的死亡率显著高于母性行为评分好的母羊[29]。母性行为的产生依赖母体自身的激素，也受子代相关信息的刺激[30]。羊的母性行为还与动物的年龄、经验、羔羊的行为和管理因素有关[31]。

母羊的经验是影响母性行为的多种因素之一，初产母羊母性行为比经产母羊差，其羔羊死亡率也较经产母羊高[32]。初产母羊通常比经产母羊缺乏经验，导致羔羊死亡率较高。初产母羊比经产母羊分娩时间长，在分娩后开始照料羔羊的行为表现较晚。初产母羊更容易受到羔羊行为干扰，当羔羊尝试靠近乳房时，母羊往往出现转圈、退缩或者向前从羔羊身体上方走过，羔羊吸吮乳房行为的发生就会延迟。初产母羊更易于表现出恐惧行为，面对羔羊时表现出退却；它们可能会更具攻击性，会用头顶撞或者威胁羔羊。在某些情况下，初产母羊可能不表现母性行为而抛弃羔羊。然而，大体上来说，与经产母羊相比，初产母羊在分娩2h后表现出相同的照料羔羊行为，发出相似数量的低沉咩咩叫声与羔羊建立母仔联系[21]。分娩母羊在与羔羊最初的接触过程中学会了如何作出适当回应，逐渐变得很少阻止羔羊吸吮乳房的尝试。对于初产母羊，要投入更多的关注，发现母性差的母羊要及时辅助其识别、哺乳羔羊，建立母仔联系，保障母羊和羔羊福利。

妊娠期营养不良的母羊易发生产后瘫痪，母体营养水平不仅影响羔羊初生重，而且与羔羊死亡率相关。营养不良的母羊照顾羔羊的时间延迟，不积极舔舐和哺乳羔羊的母羊比例较高，产生异常母性行为的概率更大。与营养充足的母羊相比，妊娠期最后6周营养水平较低的母羊抛弃羔羊的比例较高[33]。营养不良的母羊其乳房较轻、乳房组织易发育异常，授乳时间延迟，初乳量和总产奶量减少[34]。与营养水平高的母羊相比，营养水平低的母羊在分娩后前3d采食的时间较长，哺乳时间短，导致其羔羊死亡率高，羔羊体温调节能力降低等。在妊娠期，即使适度限饲也会有损母羊母性行为的表达，使羔羊初生重减轻，吮乳行为减少[35]。所以，母羊妊娠期要供给营养充分的饲草料，保证母羊的营养状况，是保障母羊和羔羊福利的有效措施。

三、繁殖行为

繁殖行为是羊的本能活动。生物体生长发育到一定阶段后，能产生与自身相似子代个体的过程，即生物产生后代和繁衍种族的过程，是生命的基本特征。繁殖行为能否正常表达体现着羊的福利水平。

(一)性成熟

羊生长发育到一定时期，生殖器官基本发育完全，并具备繁殖能力，这一时期称为性成熟。当性成熟后，母羊和公羊出现明显的副性征，性腺中开始形成成熟的生殖细胞，并分泌性激素，表现出各种性反射。与其他动物一样，羊的性成熟一般经历初情期、性成熟期和性最后成熟期 3 个阶段。初情期是性成熟的开始阶段，母羊达到初情期的标志是初次发情，但这时发情症状不完全，发情周期没有规律；公羊的初情期较难判断，此时的公羊表现出闻嗅母羊外阴部、爬跨母羊、阴茎勃起等多种性行为，甚至会有交配动作，但是一般不排精或精液中无成熟的精子。性成熟期是性的基本成熟阶段，具备繁殖能力。性最后成熟期是性成熟过程的结束，具有正常的生殖能力。

（二）体成熟

羊的生长基本结束，并具有成年羊固有的形态和结构特点，称为体成熟。体成熟的出现在性成熟之后，羊的初配年龄应该在体成熟之后。过早配种会直接影响到羊本身的生长发育和体质，也会影响后代的生活能力和生产性能。但也不能过分推迟，这样既不利于生产，也会对母羊产生不良影响。例如，母羊不孕、难产和公羊的自淫都与初配过分推迟有关。羊的初配年龄一般为 1～1.5 岁，实际初配年龄应根据不同品种、健康状况、饲养管理和地区特点等因素综合考虑。

（三）妊娠

母羊妊娠后，随着胎儿的生长，母羊新陈代谢增强。母羊表现出食欲增加、消化能力提高，营养状况改善，体重增加，被毛光润。妊娠后期胎儿迅速发育，有时母羊吸收的营养物质不能满足胎儿营养需求而消耗自身储备以供应胎儿。妊娠后期胎儿生长发育最快，钙、磷等矿物质需要量较多，如果母羊不能从饲料中获得补充，则会出现后肢跛行、牙齿磨损快，甚至产后瘫痪等症状。

羊的妊娠期为 146～161d，平均为 150d。母羊的妊娠期受品种、年龄、胎儿数、胎儿性别和环境的影响，一般山羊妊娠期较绵羊短；初产母羊、单胎羊怀多胎、怀雌胎以及胎儿个体较大会使妊娠期相对缩短，多胎羊的怀胎数增多也会缩短妊娠期[36]。

（四）分娩

分娩是胎儿经过 150d 左右的妊娠期发育成熟后自发性地排出体外的生理活动。分娩的引发因素是多方面的，包括激素、神经和外界物理因素共同作用，由母体和胎儿共同完成。关于分娩发动的学说见表 2-2。

表 2-2 关于分娩发动的学说

学说	可能的机理
孕酮浓度下降	妊娠时，孕酮阻断子宫肌肉收缩。接近妊娠结束时，这种抑制作用下降
雌激素浓度上升	克服孕酮阻断子宫肌肉收缩的作用，和（或）使子宫收缩加强
子宫容积增加	克服孕酮抑制子宫肌肉收缩的作用

（续）

学说	可能的机理
催产素的释放	导致雌激素敏感的子宫肌肉收缩
PGF$_{2\alpha}$释放	刺激子宫肌肉收缩，引起导致孕酮浓度下降的溶黄体作用
胎儿下丘脑-垂体-肾上腺轴的激活作用	胎儿糖皮质类固醇引起孕酮浓度下降、雌激素浓度上升和PGF$_{2\alpha}$释放，这些变化导致子宫肌肉收缩

资料来源：Hafez E S E, 1987. Reproduction in Farm Animals [M]. 5th Ed. USA：Lea& Febiger.

（五）繁殖行为的调控

自然情况下，羊的繁殖受光照、温度和营养等因素的影响。参与调节繁殖机能的器官和组织有大脑边缘系统、下丘脑、垂体、性腺等。羊属于季节性繁殖动物，是短日照动物，即光照逐渐缩短时由视觉刺激大脑，进而调整相关生殖激素的分泌使羊进入发情周期。所以，自然情况下羊一年内只出现一个繁殖季节。繁殖季节，母羊可出现多次发情，公羊能不断产生精子；非繁殖季节，母羊的卵巢和公羊的睾丸都不同程度地萎缩[37]。

1. 季节性繁殖的成因 目前，由雌激素的负反馈调节引起羊季节性繁殖的说法被普遍接受。而雌激素的合成和分泌受外界环境和神经内分泌的共同作用影响。

羊的松果腺是神经内分泌换能器，光照周期信息通过眼睛等一系列神经元传递给松果腺来影响其分泌活动。褪黑激素是松果腺分泌的主要激素，是对生殖机能影响最强的松果腺吲哚类激素。羊在短白昼期间高浓度的褪黑激素抑制催乳素的释放，刺激促性腺激素释放激素和促性腺激素的释放，性腺活动增强而进入繁殖期；长白昼期间褪黑激素浓度降低，催乳素浓度升高，性腺活动受到抑制而进入乏情期。褪黑激素对于长日照动物的繁殖有抑制作用，对短日照动物有促进作用。

2. 激素与母羊发情周期 母羊发情周期的本质是卵泡期和黄体期的交替过程，发情周期的循环是下丘脑-垂体-卵巢轴分泌的激素之间相互作用和协调的结果。

（1）雌激素分泌增强引起母羊发情。在发情季节，下丘脑受光照和公羊的气味等刺激分泌的促性腺激素释放激素（GnRH）沿垂体门脉系统循环到垂体前叶，促进促卵泡素（FSH）和促黄体生成素（LH）合成分泌，FSH刺激卵泡发育并合成分泌雌激素；雌激素与FSH协同作用使卵泡颗粒细胞上的FSH、LH受体增加，加速卵泡生长，增加了雌激素的分泌量；雌激素经血液循环到达中枢神经系统，在少量孕激素所用下引起母羊发情，出现发情的外部表现和性欲，初情期的第一次排卵就是因为没有孕激素的参与而没有明显的外部表现。

（2）"LH峰"引起排卵。雌激素对下丘脑和垂体有正、负反馈调节作用，对下丘脑的正反馈作用刺激促性腺激素的排卵前释放，对下丘脑的负反馈作用抑制促性腺激素的持续释放。雌激素大量分泌时，通过负反馈作用抑制垂体分泌FSH，同时通过正反馈作用促进垂体分泌LH；孕激素浓度在卵泡期迅速下降，LH的释放脉冲频率增加，LH不断积累，在排卵前达到峰值引起排卵。

（3）黄体形成。排卵后，LH使卵泡内膜细胞和颗粒细胞转变成黄体细胞而形成黄体，黄体细胞能分泌孕激素，黄体分泌孕激素受催乳素和LH的协同作用影响；孕激素达到一定浓度后对丘脑下部和垂体前叶有负反馈作用，抑制垂体前叶分泌FSH使卵泡不再发育，母羊不发情。

（4）黄体退化。如果母羊在一次发情后未受孕，黄体保持一段时间后在前列腺素的作用下退化，孕激素浓度急剧降低，对下丘脑和垂体的抑制作用减弱，垂体重新分泌FSH刺激卵泡发育，雌激素再次增加，母羊进入下一发情周期。

（六）羊的福利与繁殖

羊营养水平被满足的程度与其生理福利密切相关，反映着羊的福利状况。动物的繁殖性能受体况、年龄、日粮营养水平及饲养管理等因素的影响。营养因素通过影响生殖细胞、生殖器官和生殖激素等影响动物生殖。营养不足会导致胎儿发育受阻、母羊体况下降、羔羊成活率降低，进而造成繁殖成绩下降，降低羊的福利水平。

1. 妊娠前营养与繁殖性能 绵羊生理性发情活动的启动和终止受营养水平的影响不显著，但排卵率和产羔率明显地受营养调控的影响。母羊排卵数很大程度上决定了产羔数。生产上常用"短期优饲"的方法增加母羊的排卵数，关恒发等[38]研究表明，在配种前后进行"短期优饲"可提高母羊产羔率。

1905年，Marshall提出，在配种前或配种期的一个"短时期"内提高母羊的营养水平可增加双羔率。Gunn等[39]研究发现，体况中等和体况差的母绵羊排卵率受配种前日粮营养水平（尤其是能量和蛋白质）的影响显著，体况好的绵羊受此影响不明显。Nottle等[40]进一步证明绵羊排卵率和产羔率在配种前5～8d提高日粮营养水平的情况下可明显提高。

白羽扁豆可很快提高母羊排卵率。相同能量水平不同蛋白水平、相同蛋白水平不同能量水平的日粮对母羊排卵数的影响研究结果是，摄入的可消化能每提高1MJ，母羊排卵数翻倍的百分率约提高1.5个百分点，可消化蛋白质摄入量大于125g/d时的母羊双倍排卵百分率高于摄入量小于125g/d的。

Waghorn等[41]研究表明，蛋白质量与母羊排卵率呈正相关。进一步分析结果表明，控制和影响排卵率的主要因素是支链氨基酸，Downing等[42]试验验证了此观点。营养水平通过影响卵巢上的大滤泡的数量，以实现对排卵率的影响。

2. 妊娠前期的营养需要 配种前 5～8d 提高绵羊日粮营养水平，对其早期胚胎的生长发育有重要影响；Mckelvey 等[43] 发现在配种后的一定时期内，日粮的营养水平过高会导致胚胎死亡增加，而低营养水平对胚胎死亡无明显影响，仅导致胚胎早期生长发育迟缓，故日粮保持维持需要有利于早期胚胎的成活和生长发育。王惠[44] 对陕北白绒山羊的研究结果与此相似，并认为陕北白绒山羊母羊妊娠前期能量需要量与空怀期基本一致，妊娠前期可参考空怀期的饲养标准。

3. 营养调控对母羊妊娠后期生理状态的影响 蛋白质、能量、维生素以及微量元素等营养成分对动物的生长发育至关重要，尤其是对于妊娠后期母羊的影响更为明显，而且会通过母羊进而影响到胎儿。为了使妊娠后期的母羊正常地生长发育、顺利地生产羔羊，妊娠后期的日粮营养水平不仅要满足母羊的需要，而且要尽可能地促进母羊和胎儿的生长。

妊娠期的蛋白和能量营养不良，极易引起胚胎吸收、母畜流产以及胎儿发育不良等，胎儿出生后很难弥补这些不良影响。相反，如果妊娠期的营养水平过高，不仅造成了生产上的浪费、成本的增加，同时也容易引起难产，甚至流产，母羊的代谢负担加重，甚至可能会引发代谢疾病。因此，在母羊妊娠后期选择最优营养水平的同时，加强此阶段的饲养管理，对母羊妊娠及胎儿的生长发育尤为重要。

动物体内物质代谢和某些组织器官机能状态变化的特征可通过血浆生化指标表示。血浆蛋白质是存在于血浆中的多种蛋白质的总称，包括白蛋白、球蛋白和纤维蛋白原。对于反刍动物，饲料中的蛋白质经瘤胃和肠道的消化成为氨基酸后，吸收进入血液中合成血浆蛋白质。日粮中蛋白品质及消化、吸收和利用的情况可通过检测血浆中总蛋白含量来评价。血浆中总蛋白水平在体内蛋白质合成代谢作用增强或者氮沉积增强时较高。

王慧等[45] 通过研究日粮中不同水平的能量和蛋白对西农萨能奶山羊妊娠后期的影响指出，随着粗蛋白的摄入量增加，血浆总蛋白和尿素氮含量升高，每千克日粮干物质中消化能水平为 12.2MJ 时，蛋白水平为 16% 的试验组比 14% 的试验组血浆总蛋白和尿素氮的含量高，差异显著；相反，血浆白蛋白的含量为蛋白水平为 14% 的试验组高于 16% 的试验组。试验期内，每千克日粮干物质中消化能水平为 13.3MJ，蛋白含量为 14% 的试验组其白蛋白和总胆固醇含量略高于其他试验组。

饲料中的脂肪和糖类物质的氧化分解为动物提供其需要的主要能量。反刍动物采食脂肪后，将其分解为脂肪酸和甘油，甘油在瘤胃微生物的作用下转化为挥发性脂肪酸（VFA）。饲料中的三大营养物质经采食消化吸收进入体内，经过糖酵解、三羧酸循环或者氧化磷酸化，最终以 ATP 形式为机体提供能量。妊娠后期，母羊摄取的能量主要用于胎儿生长发育与泌乳准备。合适的能量水平对妊娠后期的母羊有较大的影响。如果妊娠后期能量缺乏，羔羊出生体重小；如果能量过量，则会导致胎儿发育不良及难产。Modyanov[46]研究表明，母羊对能量的代谢强度妊娠前期与空怀期不存在区别，而在妊娠后期，胎儿的快速生长引起母羊的能量代谢强度增加了 54%。

吴庶青[47]在对苏尼特羊妊娠后期的限制饲养试验中发现，在限制饲养期间，能量以每天每千克代谢体重代谢能计，Ⅰ组（能量水平为需要量的 0.25 倍）、Ⅱ组（能量水平为需要量的 0.4 倍）的胰岛素浓度先降后升，但都低于Ⅳ组（能量水平为需要量的 1.1 倍，对照组）浓度；Ⅲ组（能量水平为需要量的 0.55 倍）胰岛素浓度先降低后升高，并在分娩前 1 周，其浓度超过Ⅳ组。在限制饲养期间，限制较严重的Ⅰ组、Ⅱ组母羊血清中胰岛素浓度有降低的趋势。Yambayamha[48]对小母牛的研究也有类似结果。同时，限饲期间三碘甲腺原氨酸、甲状腺素也均有下降趋势。营养限制时，基础代谢率低。这些结果表明，限饲期间能量不足会导致胰岛素的水平下降，导致母羊的基础代谢较低。

维生素是一类相对分子质量低的有机化合物，动物对维生素的需要量极少，但对代谢不可或缺。机体一般只能从饲料中获取维生素或者其前体物，反刍动物在瘤胃可合成 B 族维生素和维生素 K。对生殖有较大影响的维生素有维生素 A 和维生素 E。维生素 A 是一种不饱和一元醇。它的 3 种衍生物分别是视黄酸、视黄醛、视黄醇。在胚胎发育中维生素 A 起着重要作用，维生素 A 还具有抗氧化作用，细胞膜中非酶组分抗氧化防御系统中的重要组成物质包括维生素 A，维生素 A 可通过清除自由基和过氧化物而发挥抗氧化作用。王平[49]等指出，妊娠后期母羊血清谷胱甘肽过氧化物酶（GSH-Px）活性在饲粮中添加 2 200IU/kg 维生素 A 时能显著增加，并会随着维生素 A 添加量的增加而加强；饲粮中添加相同水平的维生素 A 能显著降低妊娠后期母羊血清中丙二酸的含量，且随着维生素 A 添加量的增加，丙二酸含量呈线性降低。妊娠后期，母羊血清超氧化物歧化酶（T-SOD）活性在饲粮中维生素 A 添加量为 1 100IU/kg 时显著增强；饲粮中添加 1 100～2 200IU/kg 维生素 A 都可提高妊娠后期母羊总抗氧化能力。

对繁殖影响较大的矿物元素有铜、锌、碘、硒。胎儿通过胎盘和初乳从母体内摄入各种微量元素，如果妊娠母畜微量元素摄入量不足，会导致胎儿生长发育受阻甚至死胎，造成新生仔畜组织中微量元素的存留量减少，生理过程和新陈代谢异常。研究表明，如果母体铜的摄入量不足，从母体转移到胎儿的铜就无法满足胎儿的正常发育，从而造成胎儿中枢神经系统、骨骼与新陈代谢异常。锌参与"下丘脑-垂体-性腺"轴功能的调节，因此垂体促性腺激素的合成与释放受锌摄入量的影响。徐魁梧等[50]报道，妊娠母牛产前补充微量元素硒和维生素E，不但能有效避免胎衣不下，而且可改善产后母畜的繁殖性能。碘是合成甲状腺素和三碘甲腺原氨酸这两种调节能量代谢的激素的必需物。在妊娠后期，不同的能量和蛋白水平会导致母畜的能量代谢方式不同，日粮中必须有合适的碘含量才能保证合成调节能量代谢的激素。因此，日粮不同的能量水平需要对应的碘含量才能保证母畜的代谢。

蒲雪松[51]在两组多浪羊妊娠前后的日粮中分别添加维生素和矿物元素，不同时期的添加量不同，研究了配种前后及产羔前后的血液生化指标及激素含量。结果表明，补饲矿物元素后，多浪羊血清白蛋白水平会降低，对于母羊产后的总蛋白和球蛋白水平有升高趋势；该试验情况下，母羊血清白蛋白水平在补饲维生素后降低，特别是配种后的血清球蛋白、总蛋白以及尿素氮水平，会出现连续的降低趋势。

4. 环境与繁殖　高温严重影响母羊的受胎率。其主要原因可能是，高温引起母畜体温升高，形成炎热的生殖道，特别是子宫环境温度升高，不利于受精卵的发育和附植，从而导致母畜受胎率的降低。在南方地区，夏季天气炎热，为了提高母羊的受胎率，配种高峰应尽量避免在夏季进行，或在夏季采取适当的降温措施。母羊受胎率和气温之间的相关性与相对湿度也有关。在高温环境下，高湿会加剧高温的不良作用，湿热环境对母羊的影响表现为体温升高、呼吸加快，采食量降低，生殖机能产生障碍，受胎率下降且易造成流产。因此，要提高母羊的繁殖性能，其福利状况不容忽视。在种羊的饲养管理上要重视防暑降温，保持良好的通风。

羊的繁殖能力有一定的年限，繁殖能力消失的时期称为繁殖能力停止期。繁殖年龄的长短受品种、饲养管理、环境条件以及健康状况等影响。种公羊的利用年限一般为5～6年，母羊的利用年限一般为6～7年。丧失繁殖能力后，饲养价值也随之消失，应及时淘汰并从后备羊中补群，保持合理的羊群结构。

四、争斗行为

羊在群居时常发生交往争斗，它的作用是确立等级，强者居统治地位。家畜在群体社会中的地位明显表现在采食序位上。在一个稳定的群体中，个体间已经互相认识并建立起优势序列。这种有关社会地位的优势原理，后来被推广到除鱼类和两栖类之外的所有脊椎动物社会。个体在畜群相互交往中的地位依赖于它所处的优势顺序，并恰如其分地分别出现统治者和服从者的姿态及反应。这种交往的稳定性需要动物各个体之间互相承认所建立的群体地位以及记住在建立群体地位中所发生过的争斗。这种没有体力格斗的统治，称为礼节争斗。一旦这种统治地位建立了，额外的严重斗争就能减少。争斗在生物进化过程中是非常必要的，争斗在动物的生命历程中具有多种作用，各种动物的优势个体，在占有食物、空间和异性方面的垄断程度不一。

在一个羊群内的公羊，在非配种季节一般不争斗。但配种季节前1个月，公羊争相磨角，准备一场大搏斗，经过1～2周的比武，公羊可以分为"第一掌群"，它是争斗的优胜者；其次为"第二掌群""第三掌群"；"第四掌群"以后，就不分胜负了。母羊发情后，"第一掌群"控制交配大权，它停立于羊群的中央，睁大眼睛，四周张望，若其他公羊发现了发情母羊，它就威武地走过去，"第二掌群""第三掌群"自动让位。只有"第一掌群"因交配过多乏累时，才能轮到"第二掌群""第三掌群"有交配权。羊只的这种争斗，有利于种的保存，有利于自然选择。但掌群公羊体质粗糙，虽然对提高后代生活力有利，生产性能不一定优良。

在一个新合成的羊群里到处都有冲突和对抗，羊得不到安宁的采食及生产。羊的序位常常取决于其争斗性、体重和先前的经验。领域性与畜牧生产的关系非常重要。有强烈领域行为的动物，不适合大规模密集饲养。恐惧性攻击可发生于任何年龄、任何性别的动物，阉割不能减少恐惧性攻击行为的发生。理论上，抗忧虑药物有助于治疗这种恐惧性攻击行为。

当羊受到饥饿、疲劳或疾病等刺激时，就可以发展到应激性的争斗。在动物饲养管理过程中，拥挤、过热、过冷、运输、驱赶、隔离、混群、母子分离、抓捕、保定、惊吓、采血、去势、断尾、给药等都会对动物产生应激作用。动物对应激源的不适应性反应经常以争斗的方式表现出来，在日常的畜牧生产过程中，产生应激的种类主要有热应激、运输应激、群体应激、营养应激和兽医服务应激。这些应激作用可使动物出现惊恐、躁动不安、神经质、抑郁、情绪低落或者痛苦的现象，从而造成动物的行为异常或者争斗现象。其结果会影响到动物的食欲和消化功能、神经肌肉的兴奋性和协调性，致使动物的生产力降低、繁殖力降低、增重变慢、肉料比下降、机体对疾病的抵抗力减弱、肉品质下降等[52]。

第三节　羊的异常行为

动物行为学最早被应用于家畜是为了更好的生产，而现在利用应激生理、行为、死亡率、生产力等一系列参数作为指示因子以估计动物福利水平被认为是"最佳估计"[53]。其中，动物行为学和动物福利之间的关系被广泛认可，利用行为学来评估动物的福利状况是现代动物福利发展的一大特征，肉羊出现异常行为时往往意味着其福利水平较差。

一、异食

异食是舍饲圈养肉羊常发生的异常行为。当肉羊出现异食行为时，表现为采食被粪污污染过的饲料、垫草、绳头等，有时也舔食或采食毛发。散养的肉羊出现异食时，喜欢啃咬墙角，舔食泥土、砖瓦和沙石等，还会饮用污水。刚发生异食时症状不明显，久而久之则会出现消化不良、食欲下降、精神萎靡、反刍异常，并且会逐渐消瘦，最后可能因胃肠道梗阻死亡[54]。

（一）异食发生原因

异食可能因羊场饲养管理不当或饲料营养问题引起，多数是由于饲料补充不足，饲喂不合理，营养物质缺乏，缺乏必要的矿物质、微量元素和维生素等都能导致异食行为发生。

1. 营养原因 目前，随着肉羊规模化养殖的发展，大多数的肉羊养殖为舍饲，所提供的饲料多为配合饲料。如果饲料的配方不科学，会导致肉羊摄入的营养物质不全，如饲料中的矿物质元素不足，食盐的添加量不足，钙磷比例失调，其他矿物质元素和微量元素不足，如钾、硫、锌、钴、铁等过少都会引起肉羊发生异食行为，造成肉羊舔食泥沙、墙壁等；当日粮中缺乏某种维生素时，如维生素A、B族维生素、维生素D等，会引起肉羊代谢紊乱，也会导致肉羊出现异食行为，如当缺乏维生素 B_{12} 时，肉羊会出现食粪、喝尿的行为；另外，当饲料中的蛋白质含量较少时，会导致肉羊蛋白质摄入较少而采食毛发。夏季肉羊的饮水不足也会造成肉羊异食行为的发生。当羔羊发生异食时，主要是由于母羊在妊娠后期营养摄入不足，导致哺乳期乳汁的分泌不足，以及在人工补料时饲料的营养不足或种类过于单一而造成。

2. 管理因素 圈养肉羊对饲养管理水平要求较高，管理不到位也易引起肉羊异食。如养殖环境过于恶劣，肉羊喜欢温暖、干燥的环境，如果羊舍或运动场的设计不合理，不注意日常卫生清理工作，粪污长期不清理，垫草垫料不及时更换，羊舍过于潮湿，卫生条件较差，通风和采光不好，就会引发肉羊出现环境应激，则可能会引发肉羊出现异食行为。如果肉羊长期在不良的环境中生活，极易感染病菌或寄生虫，从而导致肉羊出现消化机能紊乱和障碍，使肉羊出现异食行为。

（二）预防措施

1. 加强营养管理 首先要加强肉羊的饲养管理工作，科学地配制饲料，要给肉羊提供全价的饲料。目前，肉羊养殖多为舍饲养殖，需要给其提供营养全价、品质优良的饲料。要根据不同生长发育阶段肉羊的营养需要来提供营养，肉羊饲料种类要尽可能多样，以保证多种营养物质的摄入。要注意日粮中精粗饲料的比例适宜，配方要满足肉羊生长发育和生产所需要的蛋白质、能量、矿物质、微量元素、多种维生素等，并且搭配合理。饲料的质量要有所保证，不饲喂发霉、冰冻和劣质的饲料。尤其是在冬春季节青绿饲料缺乏时期，要注意给肉羊补充维生素和矿物质，建议多饲喂一些耐储存的多汁类饲料，如胡萝卜、白菜、马铃薯等。必要时，可添加一些营养类添加剂，以确保肉羊摄入全面的营养物质。要加强妊娠母羊的饲养管理工作，尤其是在母羊的妊娠后期，要注意提高日粮的营养浓度，多饲喂一些优质的饲料，以满足营养需求。不但可促进胎儿的生长发育，使母羊保持良好的膘情，还可以促进母羊在产后泌乳性能的充分发挥，确保羔羊能够吃到充足的母乳，避免羔羊出现异食行为。

2. 加强日常管理　首先，要给肉羊提供一个适应的生活环境。在设计建设羊舍时，要求羊舍要建在地势高燥、背风向阳的地方。对于气候寒冷的地区，羊舍最好是东西走向单列设计。运动场地设计也要合理，面积要为羊舍的2～3倍，并且运动场地最好向阳，有足够的光照时间和运动空间。做好养殖环境的管理工作，做好羊舍的环境卫生，每天都要及时地清理舍内的粪污，垫草垫料要勤换，运动场地也要保持清洁。清理羊舍和运动场地时，要将肉羊能采食但是不能消化的异物，如尼龙绳、塑料皮等清理干净，以免肉羊采食。要控制好羊群的养殖密度，避免过于拥挤，防止舍内有害气体蓄积，要加强羊舍的通风换气工作，将舍内的有害气体和潮气排出，给肉羊营造一个良好的生活环境，防止肉羊发生异食行为。当肉羊出现异食行为时，要及时地查明引起的原因，并立即采取有效的措施，坚持缺什么补什么的原则，有针对性地补充多种营养物质，并加强日常的管理。同时，还要对肉羊的瘤胃功能进行调节，以保证肉羊的瘤胃健康。

二、异常的母性行为

异常的母性行为可导致羔羊死亡，有多种表现：

（一）缺乏母性

母羊产后不及时舔舐羔羊，母羔之间无法完成印记过程，拒绝授乳给羔羊，甚至攻击羔羊。或当羔羊靠近母羊欲吃奶时，母羊不是把后躯暴露给羔羊，而是采用"头对头"的姿势令羔羊无法接触到乳房，时间一长，羔羊吃奶的冲动就大大降低。

有的母羊特别是初产母羊对自己产的羔羊不感兴趣而遗弃羔羊，有的母羊顶撞羔羊，羔羊不能成功吮乳。在产羔时，如果母羊与所产双羔相距数米远，其中一只羔羊可能会被忽略而遗失，或错过了建立母羔联系的关键时期而被拒绝。分娩过程超过30min的母羊因为应激使外周皮质类固醇水平高而母性行为差。利用阴囊切口除去睾丸的去势法对1周龄小山羊进行去势，然后将其放回到母山羊处，母羊嗅到异味而拒绝羔羊，新创口的气味可能是小羊被拒绝的主要原因。所以，对吮乳小山羊的去势要用封闭法。

（二）母性过强

在生产中，有的母羊在产前过早地表现出母性行为，如舔舐、哺乳其他母羊的羔羊。母羊分娩后只照顾自己的后代，抛弃寄养羔羊，拒绝为其授乳；有的母羊分娩后抛弃亲生羔羊，而只照顾寄养羔羊；个别母羊在分娩前就错哺一只羔羊，至分娩后加上亲羔成为双羔。这种情况给准确评价某头母羊的生产力造成了困难。虽然母羊能同时照顾亲生羔羊和寄养羔羊，但留给己羔的初乳量极少。如此"偷盗仔羊"行为在羊生产中造成的损失较大，不仅导致羔羊营养不良或死亡，还会搞乱种羊的血统，牧羊人可能错误地淘汰生产力高的母羊而保留从不产双羔但经常"获得"双羔的母羊。

三、公羊的异常行为

营养良好、身体强健、性欲旺盛的公羊在母羊发情高峰的秋冬两季，会出现自淫现象，尤其是人工采精的公羊更为突出。公羊自淫时，臀部倾斜，肩部隆起，后肢弯曲，做出本交时爬跨的姿势，然后阴茎勃起，插入两股之间不停抽动直至排精，久而久之形成恶癖。

四、母羊的异常发情

母羊的异常发情多见于初情期到性成熟阶段以及发情季节的开始阶段。营养不良、饲养管理不当、环境温度和湿度的突然改变也容易引起异常发情。异常发情分为安静发情、孕后发情、慕雄狂、短促发情和断续发情。其中，孕后发情在羊群中最为常见，绵羊在妊娠期约有 30％ 发情，绵羊甚至会出现孕期复孕，两个胎儿相隔数天或一周才分娩。

五、羊的行为与福利

羊的行为是对某种刺激和外界环境适应的反应，这种行为反应可以使羊在逆境中生存、生长发育和繁衍后代。羊的行为习性有的由先天因素的遗传获得，有的则来源于后天的调教和训练。目前，羊业生产面临着以很小的空间养殖大量的动物，以追求生产效益的最大化[55]。这种生产方式或多或少地限制了羊的自然行为，往往造成行为缺失。羊不能表达正常的行为需求，就可能会出现异常行为。羊缺乏正常行为、出现异常行为表明其生活状态不良，至少行为福利和心理福利没有被满足。提供富集环境可以减少异常行为的发生[56]。

在羊业生产中，很有必要构建以羊为核心的养殖环境[57]，把关注点放在改善养殖条件来适应羊的生活，而不是让羊适应养殖环境[58]，保障羊远离会引起生理性应激的恶劣环境。在羊的繁殖、育种、饲养及管理等各个环节，要充分考虑羊的生物学特性，制定科学的措施。动物福利首先要考虑饲养过程中羊的这些生物学特性是否得到满足或满足程度如何，并以此来规范羊的生产程序。

本章参考文献

［1］Dall S R X，Loten A，Winkler D W，et al. Defining the concept of public information ［J］. Science，2005，308（5720）：355-356.

［2］Meunier H，Leca J B，Deneubourg J L，et al. Group movement decisions in capuchin monkeys：the utility of an experimental study and a mathematical model to explore the relationship between individual and collective behaviours ［J］. Behaviour，2006，143（12）：1511-1527.

［3］周孟斌，李佳鹏，闫东林. 浅谈绵羊的主要生活习性、接羔技术及羔羊常见病的防治方法 ［J］. 畜牧兽医科技信息，2007，14（3）：37-38.

［4］赵有璋. 现代中国养羊 ［M］. 北京：金盾出版社，2005.

［5］Malechek J C，Provenza F D. Feeding behavior and nutrition of goats on rangelands ［C］// Morand-Fehr P，Bourbouze A，De Simiane M. In：Nutrition et Systemes d' Alimentation de la Chevre，1981（1）：411-428.

［6］Church D C. Digestive physiology and nutrition of ruminants ［M］. Book 1. Nutrition（1st ed.）. New York：Oxford Press，1976.

［7］李诗洪，田珠光，刘宁，等. 成都麻羊生态特征的研究 ［J］. 四川农业大学学报，1986，4（1）：57-64.

［8］王宝理，陈正生. 罗姆尼羊及湖羊耐热性能的测定 ［J］. 江西农业大学学报，1991，13（6）：383-386.

［9］李大彪. 绵羊和绒山羊采食行为以及对三种不同粗饲料日粮纤维消化率的比较研究 ［D］. 呼和浩特：内蒙古农业大学，2007.

［10］赵有璋. 中国养羊学 ［M］. 北京：中国农业出版社，2013.

［11］马仲华. 家畜解剖学及组织胚胎学 ［M］. 第三版. 北京：中国农业出版社，2010.

［12］周安国，陈代文. 动物营养学 ［M］. 第三版. 北京：中国农业出版社，2011.

［13］赵晓莲，齐淑芳，贾秀月. 母性行为的研究进展 ［J］. 黑龙江医药科学，2010，33（5）：90-91.

［14］Binns S H，Cox I J，Rizvi S，et al. Risk factors for lamb mortality on UK sheep farms ［J］. Prevent Vet Med，2002（52）：287-303.

［15］Burfening P J，Kress D D. Direct and maternal effects on birth and weaning weight in sheep ［J］. Small Rumin Res，1993（10）：153-163.

［16］óConnor C E，Lawrence A B，Wood-Gushd G M. Influence of litter size and parity on maternal behaviour at parturition in Scottish Blackface sheep ［J］. Appl Anim Behav Sci，

1992 (33): 345-355.

[17] Dwyer C M, Lawrence A B. A review of the behavioural and physiological adaptations of extensively managed breeds of sheep that favour lamb survival [J]. Appl Anim Behav Sci, 2005 (92): 235-260.

[18] Shillito E E, Hoyland V J. Observations on parturition and maternal care in Soay sheep [J]. J Zool, 1971 (63): 868-875.

[19] Vince M A. Newborn lambs and their dams: the interaction that leads to sucking [J]. Adv Study Behav, 1993 (22): 239-268.

[20] Keller M, Meurisse M, Poindron P, et al. Maternal experience influence the establishment of visual/auditory but not olfactory recognition of the newborn lamb by ewes at parturition [J]. Dev Psychobiol, 2003 (43): 167-176.

[21] óConnor C E, Lawrence A B. Relationship between lamb vigour and ewe behaviour at parturition [J]. Anim Prod, 1992 (54): 361-366.

[22] Sheehan T, Numan M. Estrogen, Progesterone and termination alter neural activity in brain regions that control maternal behavior in rats [J]. Neuroendocrinology, 2002 (75): 12-23.

[23] 张向楠, 孙伟, 倪蓉, 等. 湖羊 PRLR 基因遗传多样性及其与母性行为的关联分析 [J]. 中国畜牧杂志, 2013, 49 (17): 1-5.

[24] 孙伟, 张向楠, 左其生, 等. 湖羊催乳素受体基因外显子 10 多态性及与其母性行为性状的关联分析 [J]. 畜牧兽医学报, 2013, 44 (5): 673-680.

[25] Matthieu Keller, Gaelle Perrin, Maryse Meurisse, et al. Cortical and medial amygdala are both involved in the formation of olfactory offspring memory in sheep [J]. European Journal of Neuroscience, 2004, 20 (12): 3433-3441.

[26] Nowak R. Lamb bleats: important for the establishment of the mother-young bond? [J]. Behaviour, 1990 (115): 14-29.

[27] Morgan P D, Boundy C A P, Arnold G W, et al. The roles played by the senses of the ewe in the location and recognition of lambs [J]. Applied Animal Ethology, 1975, 1 (2): 139-150.

[28] 王兰萍, 耿荣庆, 洪键, 等. 绵羊的母性行为及其研究进展 [J]. 家畜生态学报, 2012, 33 (3): 116-120.

[29] Lambe N R, Conington J, Bishop S C, et al. A genetic analysis of maternal behaviour score in Scottish Blackface Sheep [J]. Anim Sci, 2001 (72): 415-425.

[30] 高艳华, 王显钢, 贾秀月, 等. 母性行为的激素机制 [J]. 中国行为医学科学, 2005, 14 (11): 1051-1052.

[31] Meurisse M, Gonzalez A, Delsol G, et al. Estradiol receptor-alpha expression in hypothalamic and limbic regions of ewes is influenced by physiological state and maternal experience [J]. Horm Behav, 2005, 48 (1): 34-43.

[32] Gama L T, Dickerson G E, Young L D, et al. Effects of breed, heterosis, age of dam, litter size, and birth weight on lamb mortality [J]. Journal of Animal Science, 1991

(69)：2727-2743.

[33] Putu I G, Poindron P, Lindsay D R. A high level of nutrition during late pregnancy improves subsequent maternal behaviour in Merino ewes [J]. Proceeding of the Australian Society of Animal Production, 1988 (17)：294-297.

[34] Mellor D J, D J Flint, R G Vernon, et al. Relationship between plasma hormone concentrations, udder development and the production of early mammary secretions in twin-bearing ewes on different planes of nutrition [J]. Q J Exp Physiol Cog Med Sci, 1987 (72)：345-356.

[35] Cathy M Dwyer, Alistair B Lawrence, Stephen C Bishop, et al. Ewe-lamb bonding behaviours at birth are affected by maternal undernutrition in pregnancy [J]. British Journal of Nutrition, 2003 (89)：123-136.

[36] 朱士恩. 家畜繁殖学 [M]. 北京：中国农业出版社，2011.

[37] 柳巨雄，杨焕民. 动物生理学 [M]. 北京：高等教育出版社，2011.

[38] 关恒发，艾连扬，唐仪崇，等. 配种前后实行短期优饲对绵羊产羔率的影响 [J]. 黑龙江畜牧兽医，1988 (2)：18-19.

[39] Gunn. A note on the relationship between undernutrition and luteinizing hormone release in the ewe [J]. Animal Production, 1985, 40 (2)：359-361.

[40] Nottle M B, Hynd P I, Seamark R F, et al. Increases in ovulation rate in lupin-fed ewes are initiated by increases in protein digested post-rurninally [J]. Jounral of Reproduction Fertility, 1988, 84 (2)：563-566.

[41] Waghorn G C, Smith J E, Ulyatt M J. Effect of protein and energy intake on digestion and nitrogen metabolism in wethers and on ovulation in ewes [J]. Animal Porduction, 1990, 51 (2)：291-300.

[42] Downing J A, Scaramuzzi R J, Joss J. Infusion of branched chain amino acids will increase ovulation rate in the ewe [J]. Proceedings Australian Society of Animal Porduction, 1992 (18)：472.

[43] C Mckelvey，王在森. 营养状况对绵羊胚胎成活和生长的影响及绵羊胚胎移植技术的改进 [J]. 国外畜牧科技，1988 (5)：17-20.

[44] 王惠. 空怀期及妊娠期陕北白绒山羊能量需要量研究 [D]. 杨凌：西北农林科技大学，2012.

[45] 王慧，王玉红，魏安民，等. 不同能量蛋白水平日粮对妊娠后期西农萨能羊生产性能和血液生化指标的影响 [J]. 畜牧与兽医，2013，2 (45)：61-65.

[46] Modyanov A V. Energy metabolism of sheep under different physiological conditions [M] //Blaxter K L et al. Energy Metabolism of Farm Animals. Oriel Press, 1969.

[47] 吴庶青. 苏尼特羊妊娠后期限制饲养对羔羊初生重影响及机理的研究 [D]. 呼和浩特：内蒙古农业大学，2003.

[48] E S K Yambayamba. Hormonal status, metabolic changes, and resting metabolic rate in beef heifers undergoing compensatory growth [J]. Journal of Animal science, 1996 (74)：57-69.

［49］王平，杨维仁，杨在宾，等. 不同水平维生素 A 对妊娠后期济宁青山羊血液指标及初生羔羊生长性能的影响［J］. 动物营养学报，2011，23（1）：66-72.

［50］徐魁梧，陈宝明，徐芬义，等. 亚硒酸钠维生素 E、维生素 E 对奶牛繁殖效应的影响［J］. 中国畜牧杂志，1990，26（3）：29-30.

［51］蒲雪松. 补饲几种矿物元素和维生素及外源生殖激素处理对多浪羊母羊繁殖性能影响的研究［D］. 乌鲁木齐：新疆农业大学，2010.

［52］王洁，谢献胜. 家畜在社会交往中的争斗行为探讨［J］. 畜禽业，2007（218）：30-33.

［53］P H Hemsworth，J L Barnett，L Beveridge，et al. The welfare of extensively managed dairy cattle：A review［J］. Appl Anim Behav Sci，1995，42（3）：161-182.

［54］高胜锋. 肉羊异食行为的原因分析及预防措施［J］. 现代畜牧科技，2018，44（8）：106.

［55］Temple Grandin. Improving Animal Welfare：A Practical Approach［J］. London：Center for Agricuture and Bioscience International，2010.

［56］Mason G R，Clubb R，Latham N，et al. Why and how should we use environmental enrichment to tackle sterotyped behaviour？［J］. Applied Animal Behaviour Science，2007（102）：163-188.

［57］Hewson C J. Can we assess welfare？［J］. Canadian Veterinary Journal，2003（44）：749-753.

［58］Kilgour R. The application of animal behavior and the humane care of farm animals［J］. Journal of Animal Science，1978（46）：1478-1486.

第三章

肉羊的生产系统

第一节　放牧生产

羊的放牧生产是指以天然草场或人工草地等的牧草作为羊的主要营养来源的生产方式，是一种最古老的养羊生产方式。放牧饲养因饲养投入少、能提供绿色优质产品而被广泛采用。放牧生产的基本方式有季节连续放牧和划区轮牧。

一、季节连续放牧

季节连续放牧是指羊群一年四季连续在同一区域放牧采食，是一种原始的放牧方式。这种放牧方式不利于草场的合理利用和保护，载畜量低，单位草场面积提供的畜产品数量少，每个劳动力创造的价值不高。羊的数量和草地生产力之间自求平衡。这是现代羊业发展应该摒弃的一种放牧方式。

二、划区轮牧

划区轮牧是指把草地分成几个小区供羊群轮回采食的放牧方式。具体是指将草场按照地形、牧草产量和再生能力分成几个轮牧小区，用围栏分开。每个小区放牧 7d 左右再换到另一个小区，逐区轮回放牧使用。应根据草地的肥力和牧草的生长速度决定每个小区的放牧时间和空闲时间，一般为 30d 左右。每个小区内要有饮水和棚圈等必要设施。

划区轮牧是合理利用草地、防止过牧造成草场退化的有效措施。划区轮牧因其优点而被广泛提倡。

划区轮牧的绵羊比季节连续放牧有较长的昼间休息时间和较短的采食、游走时间，夏秋增量明显大于季节连续放牧；轮牧区绵羊对草群及冷蒿、无芒隐子草、细叶葱的采食率明显高于季节连续放牧[1]。

划区轮牧条件下牧草利用率较高，可以通过提高载畜量来提高单位面积草地的家畜生产[2~4]。划区轮牧时，羊被限制在小面积草场上，在每个小区的时间短，草地空闲时间长，牧草有充分时间再生，有利于提高产草量和利用率。因此，载畜量大于连续放牧。新疆紫泥泉羊场实验证明，划区轮牧可提高牧草利用率 25％。并且由于划区轮牧羊的活动量小、牧草适口性好，羊因活动而消耗的能量大大降低，因而能加快羊的生长。

划区轮牧能使牧草保持较高品质，更好地满足羊的营养需求。轮牧小区内采食均匀，而且经过一定时间的恢复后，牧草再生，再次回到同一小区放牧时，羊又能采食到新鲜牧草。

划区轮牧有利于防止羊寄生虫病的传播。每个小区放牧后有 30d 左右的时间空闲，这期间紫外线可将随粪便排出的寄生虫或虫卵杀死从而使其失去重复感染的能力，减少羊患寄生虫病的风险。

三、放牧生产与肉羊福利

放牧能较好地保证羊的福利。放牧饲养比较符合羊的生物学特性，具备羊充分表达本能行为的条件，可自主地、无限制地表现如活泼好动、合群、善游走等正常行为，可随意采食喜食的牧草，增进体质从而减少发病。羊在放牧时身心愉快，运动增加有利于提高羊的抵抗力和健康水平。良好的草场和科学的放牧管理能满足羊的营养需求，保证羊的正常生活和生产。

但放牧生产也存在很多不可忽略的福利问题。放牧饲养易受自然环境影响，羊群常处于不稳定状态。放牧饲养时，管理不慎会造成很多福利问题，尤其生理福利和环境福利得不到很好的满足。例如，夏季高温时不能提供充足饮水、不能提供降温措施，降雨时不能提供棚舍等避雨；冬季常因极低气温而采食不足、饮冰水等。放牧羊通常因季节变化面临着营养物质摄入不足、营养供给与需求失衡、矿物质缺乏以及气候变化引起的应激性营养消耗等营养障碍。而且，放牧生产因管理粗放，营养难以控制，生产水平低，育肥时间长，饲草利用率不高，单纯放牧常不能满足营养需要，影响羊的生产性能。如果管理不当，容易造成过牧或低牧现象而效益不高。

第二节　舍饲生产

舍饲是指将羊群置于圈舍内，依靠人类为其提供饲料、饮水以及相关的设施设备的生产方式。

一、舍饲生产的优点

舍饲改变了传统的养羊生产方式，是养羊业向现代化、规模化、集约化、产业化发展的重要形式，是养羊业的发展趋势。舍饲为科学饲养和管理提供了有利条件，为充分利用现代新技术如良种繁育、杂种优势、配合饲料、疫病防治等提供了有效平台。

与放牧生产相比，舍饲生产优点突出：

（1）舍饲为羊提供了良好的生活环境，便于人工控制羊的繁殖、饲养、管理等环节，能减少恶劣天气对羊的不良影响，从而保证羊的均衡生长和生产。

（2）舍饲利用料槽、草架等饲喂草料，大大提高了饲料的利用效率，并且能按照羊的营养需要制订日粮配方，将多种饲料原料搭配饲喂，保证营养全面、饮水充足，能很好地保证羊的营养需要。

（3）舍饲条件下有利于按照羊的生理阶段的不同及各阶段的生理特点和需求，进行科学合理的分群饲养，实行羊的集约化、程序化管理，能提高产品产量与质量，是实现羊集约化、规模化、现代化、产业化发展的优选方式。

（4）舍饲生产方式能充分利用农区丰富的农业副产品，各地可有效利用当地的秸秆、渣滓、果皮等作为羊的饲料资源，缓解放牧对草地资源和生态环境的压力。

（5）舍饲能减少消耗，节约饲料成本，尤其是寒冷季节效果更明显。经试验证明，采用全封闭暖舍饲喂妊娠母羊，每日提供营养需要量的60%即可满足其营养需求。

二、舍饲生产中的设施设备

（一）羊舍

羊舍为羊只提供了相对稳定的小环境，夏季羊舍可使空气温度平均降低。虽然白天舍内的相对湿度要大于舍外，但可以满足羊只的正常生长。因各地气候条件和饲养方式的差异，羊舍的类型各不相同（图3-1）。按照通风情况，可将羊舍分为密闭式、开放式、半开放式和棚式；按照屋顶的形式，可分为单坡式、双坡式、拱式、钟楼式、半钟楼式等类型。

内蒙古地区密闭式羊舍　　　内蒙古地区棚舍结合式羊舍　　　安徽地区棚式羊舍

图3-1　不同地区不同类型羊舍

（二）围栏

围栏可以用于羊群的分隔，常用的围栏有产羔母子栏、羔羊补饲栏等。母子栏是为了对产羔期产后母羊的管理、增进母子感情、提高产羔成活率而使用的围栏。母子栏多用木板做成，也可用铁质材料焊接，每个母子栏 1.2~1.5m²，可容纳一只母羊及其羔羊。羔羊补饲栏专用于羔羊补饲，可用多个围栏在舍内围出一定面积用于羔羊补草补料。羔羊补饲栏与母羊栏之间有仅可供羔羊通过的通道，羔羊既能进入母羊栏哺乳，又能回到补饲栏采食饲草饲料。

（三）料槽和草（料）架

料槽通常上宽下窄，底部为半圆形，料槽宽约 60cm，两侧壁各 10cm 左右，槽底厚 10cm 左右，槽深约 25cm，内侧壁较外侧壁稍低，便于羊采食。料槽可由木质、铁质或砖砌而成。

草（料）架是羊舍内的重要设备，可供羊自由采食粗饲料使用。草（料）架的材质、形式和种类多种多样，但总体要求是羊采食时互不干扰，并且能防止羊污染饲草料（图3-2）。

图 3-2　草（料）架

（四）颈夹

颈夹用于分群鉴定、治疗和防疫注射、常规体检、人工授精、妊娠检查、去角等工作时对羊的保定，使用颈夹既能减轻劳动强度，又能提高劳动效率。

三、舍饲生产与肉羊福利

与放牧相比，舍饲既有对肉羊有利的一面，又有不利的一面。舍饲为羊提供了舒适、安全、稳定的环境，设计良好的羊舍可以起到遮阳、挡雨、避风的作用，为羊营造干燥清洁、空气新鲜、冬暖夏凉的环境，缓解或消除不良气候的影响，也能避免兽害。舍饲还能根据羊的营养需要实行科学饲养，按需供料，自由饮水，营养全面、充足；舍饲养羊能对羊的生理状况、行为方式等进行有效监控，及时发现问题而采取有针对性的措施缓解或消除羊的不适或痛苦。

但是，舍饲使羊的空间受到限制，不能完全满足羊的生物学特性，限制了一些正常行为需求。羊在放牧时可以自由活动，而舍饲时羊的运动局限在有限的时间和空间，运动量明显不足、身体损伤增多、异常行为加剧。这会影响羊的体质，降低羊的抵抗力。饲养密度决定着羊生产性能和单位面积的生产率。尤其在集约化生产条件下，饲养密度过大会使舍内空气质量恶化，NH_3、H_2S、CO_2 等有害气体浓度增高、舍内湿度增加、尘埃过高，严重损害肉羊环境福利。相对于放牧饲养，舍饲羊的产品质量尤其是肉的质量有所下降。

随着科学研究的深入，对羊生物学特点、行为方式、生理需求的认识水平不断提高，人类一定会通过改善硬件、完善软件，充分满足动物福利要求，提高动物福利[5]。

第三节 放牧加舍饲生产

一、放牧加舍饲的必要性

在我国现有的生态条件下，广大牧区枯草期长达 6 个月以上，高海拔地区更是有 7 个月左右的冷季。此时牧草干枯、品质低下，放牧羊难以获得足够的营养物质。据测定，夏、秋、冬 3 个季节牧草中粗蛋白、粗灰分、钙、磷含量在夏季最高，中性洗涤纤维和非纤维碳水化合物在冬季含量最高，冬春季节牧草中的营养成分满足不了放牧羊生长所需[6]。所以，季节性营养障碍是羊业生产的限制因素，也是肉羊生理福利的原因。并且，放牧生产不能实现羊肉的四季均衡生产。

放牧加舍饲生产是介于放牧和舍饲之间的一种生产方式，同时具有放牧与舍饲的特点，也能较好地避免单纯放牧或舍饲产生的福利问题。在夏秋季节草场牧草丰富时，以放牧为主、舍饲为辅；冬春季节气温低、牧草资源不足时，以舍饲为主、放牧为辅。放牧加舍饲生产方式把合理放牧和科学补饲相结合，既能充分利用自然资源又能满足羊的营养需要和福利要求。

二、放牧加舍饲的措施

（一）生产或储备优质饲草

优质的禾本科牧草和豆科牧草是羊冬春季节获得能量、蛋白质、矿物质和维生素的良好来源。为了获得优质干草，必须把握好种植、收获、储藏 3 个关键点。第一，要建立青干草生产基地，根据基地具体条件选择种植牧草的种类和品种。第二，要适时收割。收割过早，牧草营养成分积累不足；收割过晚，会因木质素的生成造成营养成分流失。禾本科牧草最好的收割时期为抽穗期，豆科牧草最好的收割时期是初花期（有 $1/4 \sim 1/3$ 开花）。第三，要进行科学干燥和储藏。干草的调制方法一般有田间干燥、草架干燥和人工干燥，一般多采用田间干燥，人工干燥因成本高而较少使用。但不管采用哪种方式干燥都必须避免因暴晒、雨淋造成的嫩叶损失，并且干燥后及时收储[7]。

随着国家粮改饲政策的实行，青贮饲料尤其是全株玉米青贮作为一种物美价廉的优质粗饲料，在牛、羊等反刍家畜的养殖中得到广泛应用。同时，也有燕麦草青贮、苜蓿青贮和微生态青贮等一系列青贮饲料种类。青贮饲料能够保存青绿饲料的应用特性，可调剂青饲料供应的季节性不平衡，适口性好、消化性强，可以扩大饲料资源。规模化养殖场一般都备有青贮窖、青贮池等设施，牧民或农户一般采购裹包青贮。制作青贮饲料见图 3-3。

收割、粉碎

填窖、压实

密封

图 3-3　制作青贮饲料

（二）储备精饲料

除了优质干草，还应储备一定量的精饲料，如玉米或市场销售的精补料。每天每只羊应储备精饲料 0.25kg 以上，或玉米和精饲料各 0.125kg 以上。

（三）补饲精饲料和粗饲料要合理搭配

补饲饲料的科学配制是保证补饲效果的重要环节。补饲饲料的配制应参考饲养标准，并考虑羊放牧时从草地采食的牧草和补饲草料的数量、质量。既要使羊充分采食牧草，又要保证羊的健康，同时要考虑经济效益。另外，要为羊提供矿物质舔砖，供羊自由舔食。

三、放牧加舍饲生产与肉羊福利

放牧加舍饲的生产方式可以根据羊只每个阶段不同的营养需求为其提供科学合理、营养全面的日粮，满足生理福利要求，并且能为羊提供很好的生存环境以满足其环境福利要求。同时，也能利用放牧生产的优势保证羊的运动量，增强羊的体质，满足其行为福利。

本章参考文献

[1] 韩国栋. 划区轮牧和季节连续放牧绵羊的牧食行为 [J]. 中国草地，1993 (2)：1-4.

［2］Mc Meekan C P，Walshe M J. The inter-relationships of grazing method and stocking rate in the efficiency of pasture utilization by dairy cattle ［J］. Journal of Agricultural Science，1963（61）：147-163.

［3］Hull J L，Meyer J H，Raguse C A. Rotation and continuous grazing on irrigated pasture using beef steers ［J］. Journal of Animal Science，1967，26（5）：1160-1164.

［4］Heady H F，Child R D. Rangeland Ecology and Management ［M］. Colorado：Westview Press，1994.

［5］顾宪红. 畜禽福利与畜产品品质安全 ［M］. 北京：中国农业科学技术出版社，2005.

［6］张盼盼. 东苏旗不同季节牧草对放牧羊瘤胃内环境及血液生理生化指标的影响 ［D］. 呼和浩特：内蒙古农业大学，2017.

［7］赵有璋. 中国养羊学 ［M］. 北京：中国农业出版社，2013.

第四章

影响肉羊福利的因素

绵羊的生物学习性主要表现为温顺但不胆小、群居性好、具有社会等级结构等方面。在集约化饲养条件下，肉羊在整个生命周期中全部进行舍饲管理。这是最大化提高生产效率和提升生产效益的一种饲养模式，但这样就难免会造成一些负面影响，如妊娠母羊流产现象比较严重、母乳不足、羔羊体质较弱等。同时，这种高密度、相对密封的环境也导致了比较差的生存环境，增加了肉羊疾病感染的风险，易导致肉羊产生应激反应和行为异常，从而影响肉羊的福利状况。

影响肉羊福利的因素主要有畜舍环境、设施设备和人员操作。

第一节　畜舍环境

所谓动物的环境，通常是指动物身体周围的物理或化学性质的条件状况，如环境温度、环境湿度、光照、噪声、空气质量（包括 CO_2、NH_3、CH_4 等气体及微尘）等因素。这个"环境"是畜牧科学中的专业概念，又称"环境卫生"。但动物所感受的"环境"还应该包括空间（畜舍大小）、社会环境（有无同伴配偶）、外界干扰（人的活动）以及人的生产管理（给料给水时间、清粪等）。因为这些因素是动物能够直接感受到并使动物产生好坏感受的外界成分，故称为动物"环境"。一个不利的环境可以从多方面对家畜产生影响，并危害动物的福利。

我国有些规模化肉羊养殖场羊舍设计不合理，羊舍构造简单，通风换气、排水防潮和保温隔热设施不健全，舍内环境控制程度低，致使舍内小气候环境稳定性差。夏秋季节舍内持续高温高湿，冬春季节舍内低温高湿，再加上饲养密度高，通风不良，舍内空气污浊，损害羊的健康，降低了其福利水平。

一、温热环境

在等热区范围内的环境温度下，羊的分解代谢最低，维持需要的能量最少，舒适度也最好，一般认为羊在 $10\sim20℃$ 最适宜[1]。环境温度过高时，羊无法正常休息，并伴随热性喘息、表现烦躁，同时食欲减退、采食量下降。高温时间较长时，羊会进入耗竭状态，致使其消耗过大，干扰机体的正常代谢，从而影响到生产性能和免疫功能。在妊娠期的第1~3周，子宫对高温应激尤为敏感，由高温引起的胚胎死亡率很高。在屠宰之前，由于环境高温或高密度运输而发生热应激时，由于肾上腺皮质释放的血管舒张激素不足，引起肌肉中毛细血管收缩，血液循环变慢，从而引起热量和乳酸的蓄积，肌肉中氢离子浓度迅速上升，造成肌肉蛋白质变性，导致较低品质的肉产品。此外，羊长期生活在阴暗、潮湿的环境里，蹄病的发生率大大增加。羔羊躺卧在冰冷潮湿的地面，易导致下痢。而干燥、多粉尘的环境容易引发呼吸系统疾病。如果舍内通风不良，圈舍空气中容易产生有毒有害物质（NH_3、H_2S、微尘及其他有毒有害物质），如不及时排除，会刺激肉羊呼吸道，易患呼吸道疾病。同时，空气中的病原微生物会诱发其他疾病，最终导致健康状况和生产性能下降。

（一）环境温度

在适宜的温度范围内，肉羊分解代谢最低，福利状况最好。一旦环境温度过高或过低，就会直接或间接对羊的生长和健康造成负面影响，导致福利水平下降。环境温度对肉羊的影响包括：

1. 环境温度对羊生理功能的影响

（1）环境温度对循环系统的影响。在高温情况下，羊的心脏活动加强、心率加快，使体内代谢热迅速随血液流向体表，使皮肤毛细血管舒张，皮温升高，且皮肤水分渗透增多，体表散热量增加。此外，由于高温导致血液流向体表外周，内脏器官供血不足。在限制饮水条件下，血液会因水分随呼吸道和皮肤蒸发而浓缩；但在自由饮水条件下，高温因使饮水量急剧增加而使血液稀薄。在高温情况下，由于热性喘息排出大量 CO_2 使血液中碳酸氢根离子浓度降低，血液 pH 升高，血糖和血液中钙、钠、钾等的浓度降低。在持续严重热应激情况下，会导致羊心脏发生病理性变化，表现为心肌细胞线粒体崩解、间质毛细管壁增厚、内皮细胞内胞饮小泡大量增加及心肌功能衰退。

在低温情况下，羊的心脏活动减弱、心率下降、脉搏减弱。持续的低温使羊的代谢产热达到最高限度后，散热量大于产热量，引起体温持续下降、血压下降、脉搏减弱。在低温环境中，流向畜体表面及四肢的血液减少。这样，一方面降低了体表温度，减少了散热；另一方面，末端部位组织因供血不足会被冻伤和冻死。

（2）环境温度对呼吸系统的影响。绵羊汗腺不发达，散热机能差，高温时无法通过体表散热。在高温情况下（28℃以上），绵羊呼吸深度变浅，呼吸频率增加，出现热性喘息，表现为呼吸急促、浅表，张口伸舌，唾液直流，通过增加肺通气量来加快呼吸道蒸发散热，以降低热负荷。在热喘息时，绵羊每分钟呼吸频率 300～400 次。一般在加快呼吸时，肺通气量增大，绵羊呼吸频率可增加 12 倍，同时潮气量减少。在热性喘息时，绵羊体温已开始升高。热性喘息可防止快而深的呼吸所造成的代谢加强和产热增加，也可防止呼出 CO_2 过多而造成呼吸性碱中毒。所以，在夏季炎热天气，放牧绵羊出现呼吸急喘，常常发生低头拥挤、相互间有借腹蔽荫、驱赶不散的"扎窝子"现象。在严重的热应激情况下，由于过度呼吸导致动物肺部损伤，表现为肺充血，肺部微毛细血管破裂，毛细血管上皮细胞膜结构不清，胞内细胞器溶解，呼吸系统功能降低。

低温环境对肉羊上呼吸道黏膜具有刺激作用。长期的冷刺激，可使肉羊呼吸道产生炎症，如气管炎、支气管炎和肺炎等都与冷刺激有关。

（3）环境温度对消化系统的影响。绵羊生长肥育的适宜温度为 10～20℃。在此温度范围内，绵羊的采食量相对恒定；外界环境温度升高会引起羊的热应激，首先表现为食欲降低、采食量减少，持续的热应激会加重采食量下降的幅度，直接影响羊的健康并导致其生产性能的下降。在严重高温环境中，甚至出现绝食。因此，营养物质摄入不足是高温环境中动物生产性能下降的直接原因。

食后增热是羊产热的重要来源，因此在热应激条件下，羊采食量的下降是减少高温环境中产热量的一条重要途径。当环境温度升高，机体为适应环境会加强散热，皮肤表面血管舒张、充血，进而导致消化道内血流量不足而使胃肠蠕动减慢，影响营养物质的吸收速度，使消化道内充盈，易导致胃的紧张度升高，从而抑制采食。同时，高温也会通过对下丘脑的食欲中枢产生直接负面影响而降低食欲，减少采食量。消化的动态特征的改变也被认为是热应激影响羊采食的一种可能机制，热应激引起的采食量下降，会导致消化道运动和瘤胃收缩的减少，降低食糜的流通速率，增加胃肠道充盈度和食糜停留时间，从而使营养物质得以充分消化。一般来说，环境温度每升高 1℃，饲料消化率提高 0.16%。尽管如此，在高温情况下，营养物质摄入量仍会减少到干物质采食量的 30% 左右。这种采食量的下降、胃肠道运动的改变以及营养消化代谢的变化，有利于降低高温环境中肉羊的热负荷，提高其在炎热环境中的生存能力。

瘤胃上皮细胞有一些重要的生理功能，包括营养物质吸收和运输、短链脂肪酸代谢和屏障保护作用。研究表明，热应激增加羔羊瘤胃乳头高度，降低瘤胃乳头顶宽，但对乳头表面积和肌层厚度没有影响。早前也有研究表明，热应激会增加反刍动物精饲料的采食量，其中淀粉摄入量的加大，使得动物的瘤胃乳头高度有所增加，并对瘤胃乳头上皮的角质层（由角状细胞组成的外层，并作为瘤胃环境和较低活力层之间的物理保护屏障）有一定程度的损伤。

热应激下，羊会消耗更少的粗饲料。这不仅降低了瘤胃蠕动和反刍，还通过唾液量的降低改变消化模式并降低了干物质摄入量，进而影响机体的健康。在热应激下，肉羊胃肠道的食糜通过的速度比热中性环境的肉羊慢，这导致了采食量、瘤胃活动和蠕动降低。这可能是因为热应激下瘤胃上皮的血液流动受到抑制，进而减少了反刍。在热应激条件下，瘤胃 pH 通常会有所降低，并且容易产生酸中毒。瘤胃内微生物对于瘤胃内环境极为敏感，热应激诱导的瘤胃 pH 的改变也会直接影响瘤胃微生物的正常生理活动，引起消化障碍，进而影响反刍动物的瘤胃功能和健康状况。

肉羊适应能力相对较强，能够忍受高温和低温造成的不利影响。在饲料供应充足的情况下，适当低温对肉羊生长发育速率没有不良影响，但羊的采食量增加，由于胃肠道蠕动加快，食物在胃肠道停留的时间缩短，消化率降低，营养物质的摄取量增加，体增热及转化为热能的饲料能增加，饲料利用率降低，饲养成本提高。但低温环境有助于消化系统的发育。研究表明，低温环境中动物的肝、胃和肠的绝对质量比高温环境时大。动物在适应冷环境后，消化酶及氨基酸转运速度以及肠细胞寿命都比温暖环境动物高。在低温环境中，胴体瘦肉率较高，脂肪含量减少。因为在低温环境中，动物的活动量大，用于产热的饲料能多，养分用作沉积脂肪的比例减小；另外，肉羊为维持体温恒定会动用体脂，导致沉积脂肪分解代谢供能。但是，低温条件下的这种高瘦肉率是以多消耗饲料为代价的。

此外，在高温情况下，羊的饮水量增加，饮水量增加主要是用以补充为维持体温恒定体表和呼吸道蒸发散热所丧失的水分。

（4）环境温度对泌尿系统与神经系统的影响。在高温情况下，因为热性喘息，机体大量的水分将通过呼吸道排出，经肾排出的水量大大减少。同时，脑垂体受高温的作用后，加强了血管升压素（抗利尿激素）的分泌，使肾对水分的重吸收能力加强，造成尿液浓缩，甚至在尿中出现蛋白质和红细胞等。高温还抑制中枢神经系统的运动区，使机体动作的准确性、协调性和反应速度降低。在严重的热应激情况下，延脑与大脑神经细胞肿胀变性，肾上腺皮质细胞中脂质小滴减少，髓质细胞中肾上腺素颗粒和去甲肾上腺素颗粒大量脱落。在低温环境中，流经肾的血流量增加，尿液稀薄，尿量增多。

（5）环境温度对免疫系统的影响。高温通过抑制细胞免疫、体液免疫和免疫活性细胞因子的活动来降低动物的非特异性免疫机能。在高温情况下，动物的脾、胸腺萎缩，禽类的法氏囊萎缩，血液中嗜酸性粒细胞和淋巴细胞减少。高温降低了淋巴细胞 RNA 聚合酶的活性和 ATP 的合成，刺激蛋白质和 RNA 的分解，其结果是抑制了淋巴细胞的增殖，促进了淋巴细胞的分解，导致血液的淋巴细胞减少。这是动物特异性免疫力下降的一个重要原因。

环境刺激导致羊的应激可通过两种途径间接作用于其免疫系统，当应激达到一定阈值时，将对羊的免疫系统产生破坏作用。成年羊在受到外界环境刺激时，会通过增加肾上腺皮质激素分泌、提高血液浓度和加强分解代谢来调整内在环境的紊乱，而血液高皮质类固醇含量不仅与低免疫状态相关，而且在降低蛋白质合成和瘦肉生长方面起重要作用。因此，如果生产体系产生较多应激，将导致皮质类固醇水平升高，羊的免疫机能降低，生长率、饲料转化率和繁殖性能下降，引发各种疾病。

（6）环境温度对内分泌系统的影响[2]。环境温度可对羊内分泌功能产生重要影响，羊的许多生产性能都与内分泌功能密切相关。

①甲状腺素。一般认为，在持续高温的作用下，机体甲状腺机能活动减少（甲状腺滤泡缩小15.8%），细胞代谢水平降低，产热量和生产性能下降。持续高温会抑制动物甲状腺分泌功能，导致血液甲状腺素含量下降。除此之外，有研究表明，高温环境会减少动物甲状腺素的释放，而甲状腺素具有促进消化道蠕动、缩短食糜流通时间的作用。因此，甲状腺素分泌的减少，会降低动物胃肠道蠕动频率，使食糜过胃肠时间延长，导致动物胃肠长时间处于充盈状态，通过胃壁上胃伸张感受器作用于下丘脑厌食中枢，负反馈抑制采食。

②肾上腺皮质激素。在急性升温情况下，羊血浆肾上腺皮质激素含量升高，在缓慢升温或持续高温情况下，血浆皮质醇激素含量下降。

③生殖激素。在持续长期高温情况下，动物血浆雌激素、促性腺激素释放激素、促黄体生成素等含量下降。但在短期高温情况下，血浆孕酮含量升高。

动物体内的甲状腺素、性激素和生长素具有促进蛋白质和脂肪合成的作用。所以，高温造成羊内分泌失调，导致生物体同化速度减小是生产性能下降的重要原因。

在低温环境中，动物肾上腺素和去甲肾上腺素分量增加；甲状腺活动增加，如甲状腺的质量，冬季大于夏季；低温环境中甲状腺分泌T_4的效率大于高温环境。冷刺激还可使动物血液中胰岛素和胰高血糖素升高。

（7）环境温度对繁殖性能的影响。在夏季高温环境中，公羊性欲减退，精液品质下降。主要表现为高温使精子数减少，精子活力降低，畸形精子比例增加。高温对公羊精液品质的不良影响一般在遭受高温作用1~2周后才表现出来，即使停止高温作用，也需要7~8周后才能逐渐恢复到正常水平。

绵羊生殖系统主要受光照影响，但高温环境也使母羊情期受胎率降低。高温对妊娠早期母羊的危害最大，在胚胎附植于子宫前后若干天，高温更易导致胚胎早期死亡（表4-1）。高温可使发情期延迟，发情持续时间缩短，异常发情率和乏情率提高。

表 4-1 32℃高温对羊妊娠率和早期胚胎死亡率的影响[3]

高温处理时间	可见受精卵数（枚/只）	产羔率（%）	胚胎死亡率（%）
对照	1.225	107.5	12.2
配种前	0.55	0	100.0
配种当天	0.70	0	100.0
配种后 1d	0.90	20	77.8
配种后 3d	1.33	50	61.5
配种后 5d	1.33	45	65.4
配种后 8d	1.30	80	38.5

高温影响母羊繁殖力的原因主要是：①高温导致体温升高。高温环境引起母羊体温升高，从而使母羊子宫内环境温度升高，易使胚胎畸形率增加，甚至胚胎死亡。这是高温环境导致母羊繁殖力降低的直接原因。②高温减少母羊子宫供血量。高温时，体表皮肤供血量增大，内脏（子宫）供血不足，导致胎儿生长发育所需的养分，如氧、水、蛋白质、脂肪和矿物质缺乏。③高温导致内分泌机能失调。在持续高温情况下，羊的下丘脑-垂体-性腺轴分泌的促性腺激素和性激素、促甲状腺素和甲状腺素减少，催乳素分泌增加。这是导致繁殖力下降的重要原因之一。④高温导致羊营养物质摄入不足。高温情况下，动物食欲减退，采食量下降，营养物质摄入不足，且营养物质主要用来维持体温恒定。这是导致繁殖力降低的重要原因之一。

2. 环境温度对肉羊健康的影响

（1）环境温度直接引起肉羊产生疾病。高温环境可使羊发生热射病。所谓热射病，就是指肉羊在高温高湿的环境中，机体散热困难，体内蓄积热增加，导致体温升高，引起中枢神经系统紊乱而发生的一种疾病。羊只表现为体温升高、呼吸困难、结膜潮红、口舌干燥、食欲废绝、饮欲增进、运动缓慢。呼吸性碱中毒是羊在高温环境中经常发生的另一种疾病，羊在高温环境中，为了增加呼吸道蒸发散热而使呼吸频率增加，导致血液中 CO_2 大量排出，血液 pH 上升而发生呼吸性碱中毒。

另外，热应激不但影响初生羔羊初乳的摄入，而且加速"肠道封闭"，妨碍羔羊对初乳球蛋白的吸收，从而影响被动免疫，提高了初生羔羊的发病率和死亡率。

低温可造成肉羊身体局部冻伤、跛行、羔羊肠痉挛和感冒等。如果饲料供应充足，羊有自由活动的机会，成年肉羊产生的热量就足以抵御低温对机体热平衡的不良影响。因此，在一般情况下，低温对成年动物体热平衡的影响较小。当低温暴露时间过长、温度过低、超过羊代偿产热的最高限度时，可引起体温持续下降，代谢率也随之下降。低温可导致呼吸器官渗出性出血和微血管出血，呼吸道黏膜受到破坏，抗体形成和白细胞的吞噬作用减弱，全身机能陷于衰竭状态，最后中枢神经麻痹而冻死。低温对羔羊易造成较大的影响，特别是初生羔羊，热调节机能尚未发育完全，被毛较短，无法抵御低温，容易造成羔羊的感冒、咳嗽、肺炎，甚至冻伤、冻死。此外，在低温环境中，冷空气会破坏呼吸道防御机能，易使细菌和病毒侵入，导致气管炎和肺炎的发生。羊也会因食用过冷的饲料或饮水，或者躺卧冰冷地面，易诱发肠炎、胃炎、臌气和下痢等消化道疾病。

冷应激降低羔羊血清中初乳免疫球蛋白水平是羔羊被动免疫力降低的主要原因。冷应激使初生羔羊相互拥挤和寻找温暖场所，这种热调节行为可减少初乳的摄入，降低羔羊免疫力，最后导致发生疾病甚至死亡。

（2）环境温度影响病原微生物繁衍，诱发传染病。羊的致病性细菌和病毒感染导致的传染病多呈季节性发生，因为多数病原微生物的生存和繁殖都需要较高的温度。夏季高温高湿的环境，为此类病原微生物的繁衍创造了条件。因此，羊的多数传染性疾病常在高温环境中发生。例如，羊的腐蹄病、炭疽、肉毒梭菌中毒症、气肿病、传染性角膜（结膜）炎等，多发生于高温高湿的季节。炭疽杆菌形成芽孢的适宜温度为30℃，低于15℃或高于42℃，则停止形成芽孢。因此，炭疽多发生于6～8月的高温季节，特别是高温多雨季节（表4-2）。

表 4-2　环境与病原微生物引起的羊流行病之间的关系[3,4]

病名	病原体	与天气、气候的关系
炭疽	炭疽杆菌	6～8月高温多雨季节流行
肉毒梭菌中毒	肉毒梭菌	高温高湿季节多发，寒冷干燥时少见
坏死杆菌病	坏死梭杆菌	主发多雨季节，闷热潮湿促本病发生
巴氏杆菌	多杀性巴氏杆菌	冷热交替、天气剧变、闷热、潮湿、多雨、寒冷等不良天气易发
口蹄疫	口蹄疫病毒	流行于寒冷冬季，夏季高温停止流行
弯曲菌病	空肠弯曲菌	多发于秋冬季节，又称冬痢或黑痢
李斯特菌病	李斯特菌	多发于冬春季节
葡萄球菌病	金黄色葡萄球菌	四季可发，但以夏秋季节多发
传染性角膜结膜炎	摩勒氏杆菌	夏秋季节高温高湿多发，刮风有利于传播
恶性卡他热	恶性卡他热病毒	常年均发，冬季和早春多见
羊链球菌病	溶血性链球菌	冬春流行，2～3月为多，天气剧变、寒冷、大风雪后多发
传染性胸膜肺炎	支原体	冬季早春、阴雨连绵、寒冷潮湿时多发

（续）

病名	病原体	与天气、气候的关系
羊沙门氏菌病	沙门氏菌	下痢型于夏季或早秋发病；流行型常于晚冬早春多发
羊肠毒血症	魏氏梭菌	春末夏初多发
传染性腐蹄病	梭形杆菌	常发生于低湿地带，多见于潮湿多雨季节
羊猝狙	产气荚膜杆菌	多发于冬春寒冷季节，常见于低洼、沼泽地区，呈地方性流行
羔羊痢疾	大肠杆菌、产气荚膜梭菌、沙门氏菌、轮状病毒	多发于寒冷季节
羊快疫	腐败梭菌	秋冬或早春季节气候骤变、阴雨连绵之际多发
羊传染性脓疱	传染性脓疱病毒	多发于秋季

一些疾病则在冬春寒冷季节多发（表4-2），如腐败梭菌引起的羊快疫多发生在寒冷的秋冬季节和早春。秋冬或早春季节气候骤变、阴雨连绵之际，羊受到风寒感冒、寒冷饥饿、采食了冰冻带霜的干草或青贮时，羊的抵抗力下降，腐败梭菌即大量繁殖，产生外毒素，使消化道黏膜发炎、坏死并引起中毒性休克，使感染羊迅速死亡。

（3）环境温度影响病媒昆虫繁衍和活动，导致疾病流行。一些昆虫是疾病的媒介者，主要为蚤、虱、蚊、蝇、蜱、蠓、虻、蚋等，传播的病原体包括原虫、蠕虫、细菌、立克次氏体和病毒等。在夏季高温季节（25～35℃），蝇、蚊、蠓、虻、蜱等病媒昆虫繁衍迅速，活动猖獗。通过病媒昆虫携带病原体，并可通过吸血引起疾病的发生和传播，使羊只传染性疾病发生率显著增加，如脑炎、焦虫病、旋毛虫病和钩端螺旋体病等（表4-3）。病媒昆虫是自然界生活的冷血动物，体温随外界环境温度的变化而变化。病媒昆虫自吸入病原体到能感染易感动物所经历的一段时间被称为外潜伏期。同一疾病，外潜伏期的长短取决于环境温度，如乙型脑炎病毒在蚊体内，20℃以下病毒渐减少；25～30℃时，病毒迅速繁殖，受感染的成蚊4～5d即能传播。蚊生长发育的温度为10～35℃；低于10℃或高于35℃，幼虫停止发育；20～30℃是幼虫生长最适温度。60%～80%的相对湿度是其适宜的湿度范围。如气温在22℃以上、相对湿度80%左右，可使蚊媒的繁殖周期缩短、寿命延长、活动性增强，也可使病毒在蚊体内更好地生长繁殖，从而引起人、畜传染病的流行。再如蜱多分布在开阔的自然界，如森林、灌木丛、草原和半荒漠地带。气温和湿度等都可影响蜱类的季节消长及活动。在温暖地区，多数种类的蜱在春、夏、秋季活动，如全沟硬蜱成虫活动期在4～8月，高峰在5～6月初；幼虫和若虫的活动季节较长，从早春4月持续至9～10月，一般有2个高峰，主峰常在6～7月，次峰在8～9月。在炎热地区有些种类在秋、冬、春季活动，如残缘璃眼蜱。软蜱因多在宿主洞巢内，故终年都可活动。总体而言，蜱虫多在温暖炎热的季节活动，且其是多种病原微生物的媒介，如脑炎病毒、口炎病毒、细螺旋体、焦虫等，会诱发多种疾病的发生和流行。

低温不利于蚊、蝇、虻、蠓、蜱等病媒昆虫的存活。因此，冬春寒冷季节病媒昆虫数量大大减少，虫媒疾病发病率也大大降低。

表 4-3　环境与病媒昆虫传播引发的羊疾病之间的关系[3]

病名	病原体	媒介虫	与天气、气候关系
日本乙型脑炎	日本脑炎病毒	蚊	有明显季节性，夏季至秋初7～9月闷热蚊多时多发
森林脑炎	森林脑炎病毒	全沟蜱	有严格地区性和季节性，流行于春、夏季（5～6月）
新疆出血热	新疆出血热病毒	璃眼蜱	流行季节与硬蜱活动季节一致，流行于3～6月
水泡性口炎	水泡性口炎病毒	蚊、螯蝇	有明显季节性，多发于5～10月，8～9月为流行高峰，寒冷季节流行终止
布鲁氏菌病	布鲁氏菌	吸血昆虫	羊型布鲁氏菌病在春、夏季发病率较高
钩端螺旋体病	细螺旋体	蜱、虻、蝇	有明显季节性，以夏、秋放牧期间发病率较高
旋毛虫病	旋毛虫	蝇、蟑螂	昆虫传播与其活动期有关，包裹在昆虫体内的感染力可保持6～8d
羊泰勒焦虫病	羊泰勒焦虫	血蜱属的蜱	3～5月发病，4月和5月上旬为高峰，5月下旬后终止

（4）环境温度影响寄生虫繁衍，导致寄生虫病发生和流行。由于寄生虫、虫卵及中间宿主的发育和传播都受环境温度的影响，因此，寄生虫病的发生和流行具有季节性。夏季高温时，常发生和流行的寄生虫病有羊片形吸虫病、羊血吸虫病、羊血矛线虫病和羊仰口线虫病等（表4-4）。例如，肝片形吸虫虫卵随羊粪便排出体外，5℃时，1～2d失去活力；12℃时，其停止发育。虫卵在16℃时开始期化，25～30℃仅需10～15d就可以孵化；其毛蚴在4～14℃时停止孵化。新鲜雨水可刺激毛蚴孵化，低于10℃的温度对发育后期的胚胎及已形成的毛蚴都有致死作用。虫卵对干燥敏感，粪便中至少要有60%的水分才能保持生命；水分低于50%，虫卵迅速死亡。孵化后的幼虫必须很快找到椎实螺；否则，该吸虫的生命循环即行终止。

表 4-4　环境与寄生虫传播引起的羊疾病之间的关系[3]

病名	病原体	中间宿主	与天气、气候的关系
片形吸虫病	肝片形吸虫	椎实螺	多流行于高温多雨的夏秋季节
血吸虫病	日本分体吸虫	钉螺	春末夏初多发，天气温暖、雨量充沛易造成流行
前后盘吸虫病	多年前后盘吸虫	淡水螺	多发于夏秋两季
鸟华吸虫病	鸟华吸虫	椎实螺	5 月中旬至 10 月中旬为感染流行季节
莫尼茨绦虫病	莫尼茨绦虫	地螨	多流行于高温多雨季节，如晚春和夏秋季节
血矛线虫病	毛圆科线虫		7～8 月为高潮期，冬季为低潮期，多雨潮湿多发
食道口线虫病	食道口属线虫		成虫感染率春季（3～4 月）最高，夏季（6～7月）最低，秋季略高
羊网尾线虫病	丝状网尾线虫		冬春季节，3 月为发病高峰
鞭虫病	羊毛首线虫		多为夏季感染，秋冬季节发病
仰口线虫病	羊仰口线虫		天气温暖潮湿感染率最高，秋季感染，春季严重发病
夏伯特线虫病	夏伯特属线虫		感染从 2 月开始，直线上升，5 月高峰，6 月下降，冬季少发
钩虫病	钩口虫科线虫		主要感染季节为夏秋季，虫卵发育最适温度 25～30℃，相对湿度 60%～80%

　　寄生虫虫卵、幼虫及中间宿主大部分不耐低温。因此，在冬春寒冷季节，寄生虫侵袭力减弱，寄生虫病发病率降低。但有少数虫卵能耐低温，如羊丝状网尾线虫的卵，在 4～5℃时可以发育，幼虫在低温环境下可生活 23 周，第三期感染性幼虫的抗寒力更强。又如羊毛首线虫，卵内含有未发育的卵胚，抗寒力强，能经受寒冷和冰冻，故在高寒地区感染率很高。

　　（5）环境温度可降低饲料品质，使动物产生疾病。高温可以通过对饲料成分和饲料中有毒物质、有害真菌和细菌的影响引起疾病，如高温多雨，因土壤淋洗，使饲料钙、镁含量降低；干旱高温使饲料磷含量降低。这些都容易导致放牧肉羊和舍饲肉羊营养物质摄入不足，发生钙、磷、镁缺乏病。夏季多雨时，饲料镁的含量常常降低，使放牧肉羊发生青草搐搦症。高温高湿也容易使饲料发霉变质，羊误食霉变饲料后可发生黄曲霉毒素中毒，妊娠母羊采食发霉饲料会发生真菌性流产。高温多雨还会加速青饲料中硝酸盐转化为亚硝酸盐，使采食羊只发生硝酸盐中毒。

　　冬春寒冷季节，低温可使块根、块茎、青贮等多汁饲料冰冻，肉羊采食冰冻饲料或饮用温度过低的水，易引起胃肠炎、臌气、下痢等疾病。严重时，可使孕畜流产，羔羊死亡。

（6）环境温度影响肉羊成活率。环境温度对肉羊成活率具有重要的影响。一般来说，高温对热调节能力差的羔羊成活率影响较大，对成年羊的成活率影响较小。高温导致肉羊死亡的主要原因：①严重高温使机体散热困难，体内热负荷增加，体温调节系统失效，使机体体表和体核温度升高，羊的内分泌系统和神经系统失调，代谢机能紊乱，导致肉羊死亡；②严重高温使肉羊食欲减退，营养物质摄入不足，机体免疫力下降，易感染各种疾病，导致死亡；③高温季节适宜蚊、蝇和蜱等病媒昆虫的孳生，易通过吸血引起疾病的发生和传播，导致肉羊死亡。

低温环境对羔羊死亡率也具有明显影响。羔羊因热调节机能不健全，低温可导致羔羊体温下降而使羔羊死亡率增加。在饲料供应充足的情况下，低温对成年羊死亡率无明显影响。但在饲料缺乏条件下，低温可导致羊只大量死亡。例如，我国内蒙古、新疆、青海和西藏等地区冬季因气温低、饲草料缺乏，导致羊只大量死亡，形成"白灾"。

3. 环境温度对肉羊行为影响　环境温度变化时，肉羊行为也随之发生变化（表4-5）。具体表现为：在高温环境中，肉羊萎靡懒动，活动量减少，食欲不振，饮水量增加，躺卧时间增加，且分散独处，躺卧在遮阳棚下或树荫下等温度较低的环境中；而在低温环境中，肉羊活动量增加、采食量增大，但饮水量相对降低，且群体相互拥挤、聚集，一般喜在避风处和阳光照射处活动。

表 4-5　环境温度对肉羊行为的影响[3]

高温环境	低温环境
嗜睡，活动量和采食量减少	活动量和采食量增加
饮水量增加，喜食多汁饲料	饮水量减少
肢体伸展，皮肤松弛	肢体蜷缩，被毛竖立
分散独处	互相拥挤，聚集
喜伏冰冷地面	喜伏干燥温暖地面
栖息于温度较低处	栖息于温度较高处

（二）环境湿度

空气湿度本身不会对羊的生长和健康产生明显的影响。但当温度过高或过低时，空气湿度就会对羊的体温调节产生重要影响。一般来说，在适宜温度条件下，湿度对动物生长发育和肥育无明显影响，但空气湿度增大，可加剧高温或低温对羊的不良影响；而湿度减少，可缓解高温或低温造成的不良影响。

高温高湿环境为病原微生物和寄生虫的繁殖和传播创造了条件，使传染病和寄生虫病的发病率升高，并利于其流行。高湿有利于空气中布鲁氏菌、鼻疽放线杆菌、大肠杆菌、溶血性链球菌和无囊膜病毒的存活及增殖，增加羊患病的风险。高湿也是疥螨、痒螨和足螨生存和繁殖的必要条件。因此，在高温高湿条件下，羊易患疥癣等皮肤病，导致羊出现皮肤炎症、脱毛及消瘦现象。在高温环境下，高湿尤其有利于霉菌的繁殖，易造成饲料和垫草霉烂，肉羊一旦误食发霉变质的饲料或垫草，就可能导致赤霉病及曲霉菌病大量发生。在高湿环境下，羊易患各种呼吸道疾病，如感冒、支气管炎、肺炎等，以及肌肉、关节的风湿性疾病和神经痛等。如在南方梅雨季节，羊舍内高温高湿往往致使羔羊肺炎、白痢暴发蔓延或流行。但在低温情况下，高湿则会降低羊的体感温度，加重低温寒冷程度，也易导致羊患感冒、肺炎及风湿性关节炎等疾病。但在温度适宜或偏高的环境中，高湿有助于空气中灰尘下降，使空气较为干净，对防止和控制呼吸道疾病有利。

空气过分干燥，特别是再加以高温，能使皮肤和外露黏膜发生干裂，从而减弱皮肤和外露黏膜对微生物的防卫能力，易引起羊的呼吸道疾病。低湿有利于白色葡萄球菌、金黄色葡萄球菌以及具有脂蛋白囊膜病毒的存活，空气干燥还会使空气中尘埃和微生物含量提高，增加肉羊相关疾病感染的风险，易引发皮肤病和呼吸道疾病，并有利于其他疾病的传播。

（三）气流

气流作为温热环境因素之一，对肉羊福利也具有重要影响。气流主要影响肉羊的对流散热和蒸发散热，其影响程度与气流速度、温度和湿度有关。在高温时，只要气流温度低于皮温，增加流速有利于对流散热。但气流温度高于皮肤温度时，加大风速反而有利于机体从环境得热，增加机体热负荷。不过，不论气流温度多高，通常风速与蒸发散热量呈正比，气流速度增加总会促进机体的蒸发散热，但空气湿度增加会抑制蒸发散热。所以，加大气流速度在干热环境中对肉羊的防暑效果比在湿热环境中更好。

气流对肉羊健康的不良影响，主要发生在寒冷环境中。在冬春寒冷季节里加大风速，会使羊只发生冷应激，影响肉羊的健康和生产。对于舍饲肉羊，冬季一定要预防从羊舍门窗缝隙进入舍内的低温高速小股气流（贼风），因为其易使肉羊发生关节炎、神经炎和肌肉炎等，甚至引起冻伤。而在夏季高温时，可在羊舍内安装吊扇，加大舍内的气流运动，促进羊体的蒸发散热和对流散热，缓解机体热应激，提高肉羊的福利水平。

二、噪声和光照

（一）噪声

噪声不但影响人的生活和健康，而且还会使肉羊产生应激，导致羊生产性能下降，产品品质变差，对疾病的抵抗力降低，从而影响羊的福利状况。

1. 来源 羊场的噪声主要有 3 个来源，分别是：

（1）外界传入的噪声。如飞机、火车、汽车运行以及雷鸣等产生的噪声。普通汽车的噪声约为 80dB，载重汽车在 90dB 以上。速度同噪声有很大关系，车速提高 1 倍，噪声增长 6～8dB。飞机从头上低空飞过时的噪声为 100～120dB。因此，羊场在选址时，要避靠公路，远离铁路和机场，以减弱汽车、火车和飞机产生的机械噪声对羊的影响。

（2）羊场内机械运转产生的噪声。畜牧场内的噪声，如铡草机、饲料粉碎机、风机、真空泵、除粪机、喂料机工作时的轰鸣声以及饲养管理工具的碰撞声。据测定，舍内风机的噪声强度，在最近处可达 84dB，清粪机噪声为 63～70dB。

合理地规划牧场，使汽车、拖拉机等不能靠近畜舍，还可利用地形作隔声屏障，降低噪声。畜牧场内应选择性能优良、噪声小的机械设备。装置机械时，应注意消声隔音。

（3）羊自身产生的噪声。羊运动以及鸣叫时会产生噪声。在相对安静时，羊产生的最低噪声为 48.5～63.9dB；饲喂、开动风机时，各方面的噪声汇集在一起，可达 70～94.8dB。

2. 噪声的危害

（1）对生理机能的影响。突然产生的噪声或强度过大的噪声可使羊的血压升高、脉搏加快，也可引起羊烦躁不安、神经紧张。严重的噪声刺激，可以引起应激反应，导致羊只死亡。噪声也会对羊的神经系统和内分泌系统产生影响，如使垂体促甲状腺素和促肾上腺激素分泌量增加、促性腺激素分泌量减少、血糖含量增加、免疫力下降。

（2）对行为的影响。突然产生的噪声会使羊发生惊恐反应，受惊羊只行为表现为惊恐、突然狂奔、发生撞伤、跌伤和碰伤。但是，羊对噪声都能很快适应，多次噪声刺激后，羊因适应而不再有行为上的反应。羊所能忍受的噪声极限是多少，目前尚无资料报道。国际标准化组织规定，人在 90dB 噪声中，每天可以停留 8h，声级每提高 3dB，停留时间应减半。许多国家认为，90dB 是噪声的极限。实际上，在 90dB 的环境中工作的人，仍有 16% 以上发生噪声性耳聋。1979 年，我国颁布的《工业企业噪声卫生标准》规定，工业企业工作地点噪声标准为 85dB。这是指每天在该噪声环境下工作 8h，这个标准可供畜牧兽医工作者参考。

肉羊场及羊舍周围应大量植树，可降低外来的噪声。据研究，30m 宽的林带可降低 16%～18% 的噪声，宽 40m 发育良好的乔木、灌木混合林带可将噪声降低 27%[3]。植物减弱噪声的机制，一般认为是声波被树叶向各个方向不规则反射而使声音减弱以及噪声波造成树叶微振而使声音消耗。

（二）光照

1. 可见光对肉羊的影响 可见光光照时间主要影响肉羊的繁殖。羊是典型的将其繁殖活动控制在特定季节的动物。大部分的绵羊和山羊品种在秋季开始繁殖，此时每天的日照时数低于黑暗时数，并且每天光照时间逐渐缩短。在热带和接近热带纬度的地区，许多绵羊品种在一年里都可繁殖。自然光刺激的季节性繁殖行为很复杂，涉及每天光照和黑暗的绝对时长及每天的相对光照时间。尽管每天光照时间的逐渐改变对繁殖的起始很重要，但是基本的光照时间也很重要，即只有每天有足够的光照或黑暗时间，季节性繁殖的肉羊才会维持其繁殖活动。当光照时间不能为动物提供足够的刺激时，羊就会产生不反应期，这时繁殖行为就停止。

在影响季节性繁殖的外部因素中，光照时间是首要因素，影响绵羊季节性繁殖的自然因素是光照时间逐渐缩短，这种现象已经得到试验的验证。即使绵羊远离其自然环境，人工施予逐渐缩短的光照时间，则绵羊也会发情。每天给予16～17h的黑暗时间，持续1个月，就可诱导母羊发情。通过人工控制白天光照与黑暗时间的比例，也可诱导山羊在正常繁殖季节外的其他季节进行繁殖。逐渐减少光照时间能够诱导山羊进入发情期；相反，增加光照时间则会诱导山羊发情周期的停止。

公山羊的性行为也呈现出季节性变换，在秋季性欲强烈，而在春季到秋季期间，性欲则相对较弱。而在非繁殖季节（春季、夏季）的公羊圈舍内采用人工控制的短光照或渐减光照处理一段时间后，公羊则会在非繁殖季节也产生较强的性欲。

截至目前，可见光光照度对肉羊福利的影响方面研究报道甚微。目前一般认为，弱光能使动物保持安静，减少活动，但过低的光照会降低免疫力。但过强光照会导致肉羊神经兴奋，减少休息时间，易出现异常行为，如异食癖、打斗等。

此外，在羊舍建设时，为了保证羊舍能够获得适当的自然光照，通常要求羊舍具备适宜的采光系数。所谓采光系数是指畜舍窗户的有效采光面积与舍内地面面积之比，用来表示畜舍自然采光的充足程度。一般要求成年绵羊舍采光系数为1∶（15～25），高产绵羊舍为1∶（10～12），羔羊舍为1∶（15～20）。

2. 红外线和紫外线对肉羊的影响 肉羊接受自然光照时，太阳辐射中的红外线产生的光热效应会影响羊的体热调节。这种影响在冬季对肉羊防寒是有利的，但在夏季对肉羊危害极大，可加重机体的热应激反应。夏季自然放牧的羊只，若长时间暴晒于太阳直射光下，会因过强的红外线辐射使机体热调节机制发生障碍，体热难以散发出去，体温升高，发生热射病；毛稀或裸露皮肤温度升高，使表皮细胞变性、坏死，形成灼伤；波长600～1 000nm的红光和红外线能穿透颅骨，使脑内温度升高，引起日射病；波长 1 000～1 900nm 的红外线长时间照射在眼睛上，可使晶状体及眼内液体的温度升高，引起羞明、视觉模糊、白内障和视网膜脱离等眼睛疾病[5]。

紫外线是太阳光谱中不可见光的一部分，对动物机体的作用与波长有关，产生的生物学作用较多，且各有利弊。适当的紫外线照射对肉羊产生的有利作用包括杀菌作用、抗佝偻病作用、色素沉着作用、提高免疫力和生产性能。但过强的紫外线照射会对肉羊产生不良作用，影响肉羊福利。主要不良作用有：①光敏性皮炎：肉羊采食了含光敏性物质的饲料，如荞麦苗或枯老的荞麦茎叶等，在日晒下皮肤常出现光敏性皮炎，多发于白色皮肤的个体，尤其在无毛和少毛部位。过度的紫外线照射，还可引起皮肤癌。②光照性眼炎：波长 295～360nm 的紫外线过度照射眼睛，易引发光照性眼炎，表现为角膜损伤、眼红、眼痛、灼热感、流泪和羞明等。

在实际生产中，为了避免夏季太阳辐射中过强红外线和紫外线对肉羊福利产生不良影响，应该在放牧草场和舍饲运动场上设置遮阳棚或种植遮阴树，也可采取早晚放牧的饲养模式，避开太阳辐射强烈的时段。

三、空气质量

羊舍空气中含有不同来源的各种气体成分和微细尘埃，这些组分会直接或间接地对肉羊生长和健康产生影响。

(一) 有害气体

在羊舍内，羊排泄的粪尿和饲料残渣等有机物经微生物发酵分解，可产生多种化学物质。由于舍内外空气交换程度有限，舍内外空气化学组成差异很大。一方面，空气中主要组成成分的比例发生改变，如二氧化碳、水汽等增多，氮气、氧气减少；另一方面，出现许多有毒有害成分，如氨气、硫化氢、一氧化碳、甲烷、酰胺、硫醇、甲胺、乙胺、乙醇、丁醇、丙酮、2-丁酮、丁-二酮、粪臭素和吲哚等。这些化学物质成分复杂，数量也较大，可危害肉羊健康，造成慢性中毒，甚至是急性中毒，从而影响肉羊的健康和生产力。

舍内有害气体的气味可刺激嗅觉，产生厌恶感，故又称为恶臭或恶臭物质。但恶臭物质除了粪尿、垫料和饲料等分解产生的有害气体外，还包括皮脂腺和汗腺的分泌物、机体的外激素以及附在体表的污物等，羊呼出的二氧化碳也会散发出羊特有的难闻气味。随着肉羊养殖生产规模的不断扩大和集约化程度的不断提高，羊场的恶臭会对大气产生污染，并对肉羊生产本身造成危害，使肉羊生产力下降，对疫病的易感性提高或直接引起某些疾病。

1. 畜舍内有害气体的产生　肉羊场内粪尿的分解作用是一个连续的过程，可以导致有害气体混合物的形成。这些有害气体的多少不仅取决于环境条件是富氧还是缺氧，还与粪尿的处理方法有关。大量的粪尿运出舍外，在好氧分解条件下，大都分解为二氧化碳；在厌氧分解条件下，则形成有害气体，如氨气和硫化氢等。这些有害气体如长期滞留在舍内或运动场内，往往危害动物的健康，并污染环境，严重时引起畜产公害。所以，畜牧场的粪尿处理是家畜环境卫生学要解决的主要问题，也是消除有害气体的重要途径。

羊采食的饲料经胃和小肠消化吸收后进入后段肠道（结肠和直肠），未被消化的部分作为微生物发酵的底物，分解产生多种臭气成分，故新鲜粪便也具有一定的臭味。同时，这些臭气随消化道气体排出体外。粪便排出体外后，粪便中原有的和外来的微生物与酶继续分解其中的有机物，生成某些中间产物或终产物，形成有害气体和恶臭。畜牧场家畜粪便和污物在收集、运输、堆放和加工过程中，腐败产生有害气体和恶臭的过程可分为3个阶段：①粪便中的糖类、蛋白质和脂肪分别被微生物和细胞外酶水解为单糖、氨基酸和脂肪酸（乙酸、丙酸和丁酸等），此为酸酵解阶段。②有机酸和可溶性含氮化合物被水解为氨气、胺、二氧化碳、碳氢化合物、氮、甲烷和氢等。此时，pH升高，生成硫化氢、吲哚、粪臭素和硫醇等，此为酸发酵减弱阶段。③有机酸被降解为二氧化碳和甲烷，并产生氨气、硫化氢、胺类、酰胺类、硫醇类、醇类、二硫化物和硫化物等，此为碱性发酵阶段。

一般认为，散发的臭气浓度与粪便的磷酸盐和氮的含量是呈正比的，磷酸盐和氮的含量越高，产生的有害气体也就越多。

2. 有害气体的种类　羊场有害气体的成分非常复杂。羊的生长阶段、日粮组成、清粪方式、粪便和污水处理方式等不同，有害气体的构成和强度也会有差异，但羊场有害气体的主要成分是氨气、硫化氢、有机酸、酚、盐基性物质、醇、醛、酮、酯、杂环化合物和碳氢化合物等。有害气体的有机成分见表4-6。此外，氨气和硫化氢等则是有害气体的无机成分。

表4-6　有害气体的分类和性质[6]

分类	名称	臭气成分
硫醇类	乙基硫醇 甲基硫醇 异丙基硫醇	烂洋葱臭 烂甘蓝臭
硫醚类	二甲基硫 二乙基硫 二丙基硫 二苯基硫	蒜、韭菜臭
硫化物	硫化铵	强刺激臭

（续）

分类	名称	臭气成分
醛类	甲醛 乙醛 丙烯醛	刺激臭 不愉快臭、催泪
吲哚类	β-甲基吲哚	粪臭
脂肪酸类	乙酸 丙酸 酪酸	刺激臭
酰胺类	酪酰胺	汗臭
胺类	甲胺 乙胺 二乙胺	腐败鱼臭
酚类	苯酚 硫酚	不愉快臭

3. 有害气体对肉羊的影响 羊舍内产生最多、危害最大的有害气体主要有氨气（NH_3）、硫化氢（H_2S）、一氧化碳（CO）、二氧化碳（CO_2）和恶臭物质等。

（1）NH_3。NH_3 为无色气体，具有强烈的刺激性，极易溶于水，常温下，1L 的水可溶解 700L 的 NH_3。

在羊舍内，NH_3 大多由含氮有机物（粪、尿、饲料和垫草等）分解而来。未被机体消化吸收的营养物质，排出体外后，在适当的温度和湿度条件下被微生物分解，产生大量的 NH_3。NH_3 在羊舍内含量的多少，取决于羊的饲养密度、羊舍地面的结构、舍内通风换气情况、粪污清除方式和舍内管理水平等，其浓度低者仅为每立方米几毫克，高者可达每立方米 400mg。

NH_3 的密度较小，在温暖的羊舍内一般升到畜舍的上部，但由于 NH_3 产自地面和羊的周围，因此在羊舍内下部含量也较高，故 NH_3 在羊舍内分布不均匀，表现为中间低、上下高。特别是在空气潮湿的羊舍内，如果舍内通风不良，水汽不易逸散，舍内 NH_3 的含量就更高。

NH_3 易溶于水，在畜舍内，NH_3 常被溶解或吸附在潮湿的地面、墙壁表面或垫草表面，也可溶于羊的黏膜（眼结膜、呼吸道黏膜）上，产生刺激和损伤。导致羊的眼结膜充血，发生炎症，甚至失明。NH_3 吸入呼吸系统后，可引起羊的咳嗽、打喷嚏，上呼吸道黏膜充血、红肿、分泌物增加，甚至引起肺部出血和炎症。低浓度的 NH_3 可刺激三叉神经末梢，引起呼吸中枢的反射性兴奋。NH_3 吸入肺部，可通过肺泡上皮自由进入血液，引起血管中枢的反应，并与血红蛋白（Hb）结合，置换氧基，破坏血液运氧的能力，造成组织缺氧，引起呼吸困难。如果短期吸入少量的 NH_3，可被体液吸收，变成尿素排出体外。而高浓度的 NH_3，可直接刺激体组织，引起碱性化学性灼伤，使组织溶解、坏死；还能引起中枢神经系统麻痹、中毒性肝病和心肌损伤等症。短时间少量吸入 NH_3 很容易变成尿素而排出体外，所以中毒能较快地得到缓解。

羊处在高浓度的 NH_3 环境中，一般出现急性中毒症状，且羊舍内出现高浓度的 NH_3 也很容易被饲养人员和管理人员察觉。所以，肉羊一般不会发生高浓度 NH_3 中毒。但肉羊长期生活在低浓度的 NH_3 环境中，虽然没有明显的病理变化，但会出现采食量降低、消化率下降、对疾病的抵抗力降低和生产力下降等慢性中毒症状。这种慢性中毒症状需经过一段时间后才能被人察觉，但已经导致了肉羊福利水平下降。这种情况往往损失更为严重，应引起高度注意。

舍内 NH_3 的体感检测法[5]：检查者进入羊舍后，若闻到有 NH_3 气味且不刺眼、不刺鼻，其浓度在 $7.6 \sim 11.4 mg/m^3$；当感觉到刺鼻流泪时，其浓度在 $19.0 \sim 26.6 mg/m^3$；当感觉到呼吸困难、睁不开眼、泪流不止时，其浓度可达到 $34.2 \sim 49.4 mg/m^3$。

（2）H_2S。H_2S 是一种无色、有刺激性和窒息性腐蛋臭味的可燃气体。当其在空气中的浓度达 $43\% \sim 45.5\%$ 时，可发生爆炸。有很强的还原性，易溶于水。在 $0℃$ 时，1L 的水可溶解 $4.65L$ 的 H_2S。在标准状态下，每升 H_2S 重量为 $1.526g$，每毫克的容积为 $0.649~7mL$。

羊舍空气中的 H_2S，主要来源于含硫有机物的分解。羊采食富含硫的蛋白质饲料，当发生消化机能紊乱时，可由肠道排出大量 H_2S。在羊舍内，由于 H_2S 比空气重，且发生在地面和畜体周围，故在畜舍中多聚集于低处。管理良好的羊舍，H_2S 含量极微；管理不善或者通风不良时，含量可高达危害程度。

H_2S 可溶于水，其水溶液为氢硫酸，是一种弱的二元酸，故对黏膜有刺激和腐蚀作用。H_2S 化学性质不稳定，能与多种金属离子发生反应，H_2S 遇黏膜则水分很快分解，与 Na^+ 结合生成 Na_2S，产生强烈的刺激作用，引起眼炎和呼吸道炎症，出现畏光、流泪、咳嗽，发生鼻塞、气管炎，甚至引起肺水肿。H_2S 的最大危害在于其具有强烈的还原性，H_2S 随空气经肺泡壁吸收进入血液循环，与细胞中氧化型细胞色素氧化酶中的 Fe^{3+} 结合，破坏了这种酶的组成。因此，影响细胞呼吸，造成组织缺氧。所以，长期处在低浓度 H_2S 的环境中，肉羊体质变弱、抗病力下降，易发生肠胃病和心脏衰弱等。高浓度的 H_2S 还可直接抑制呼吸中枢，引起窒息，以致死亡。

我国北方放牧养殖的肉羊，圈舍相对简陋，多为开放式羊舍，空气流通性强，不会造成 H_2S 积累。集约化肉羊饲养中，羊舍也一般为非封闭舍，且羊舍相对干燥，含硫有机物很难经微生物分解，羊舍内 H_2S 一般在安全值范围之内，不会对肉羊福利造成影响。

（3）CO。CO 是无色、无臭、无味、无刺激性的气体，在空气中化学性质比较稳定。在标准状态下，每升重 1.25mg，每毫克的容积为 0.8mL，比空气轻。

CO 随空气吸入体内，通过肺泡进入血液循环，与血红蛋白和肌红蛋白进行可逆性结合，CO 与血红蛋白的亲和力比 O_2 与血红蛋白的亲和力大 200～300 倍。因此，进入体内的 CO 能很快地与血红蛋白结合，形成碳氧血红蛋白（HbCO），而血红蛋白的解离速度比氧合血红蛋白要慢 3 600 倍，从而减少了血细胞携带氧的能力，造成机体急性缺氧，从而导致血管和神经细胞机能障碍，使机体各部分脏器的功能失调，出现呼吸系统、循环系统和神经系统的病变。中枢神经系统对缺氧最为敏感，缺氧后可发生血管壁细胞变性，渗透压增高，严重者呈现脑水肿，大脑及脊髓不同程度地充血、出血和形成血栓。CO 的危害性主要取决于空气中 CO 的浓度和接触时间。血液中 HbCO 的含量与空气中 CO 的浓度呈正相关，中毒症状则取决于血液中 HbCO 的含量，具有明显的剂量效应。试验表明，CO 在 $625mg/m^3$ 时，短时间内即可引起动物急性中毒。

羊舍空气中一般没有 CO。只有当冬季在封闭式羊舍内生火取暖时，如果煤炭燃烧不充分，就可能产生 CO。特别是在夜间，当门窗关闭、通风不良时，CO 浓度可达到中毒的程度。但在集约化饲养条件下，已经很少在羊舍内烧煤炭取暖，且我国多数地区冬季不需要对羊舍进行供暖，羊厚实的被毛能够保证其抵御寒冷。所以，目前在肉羊规模化饲养过程中，一般不会出现因 CO 中毒影响肉羊福利的情况。

（4）CO_2。CO_2 为无色、无臭、无毒、略带酸味的气体，在标准状态下每升重量为 1.98g，每毫克的容积为 0.509mL。大气中的 CO_2 含量为 0.03％，而在羊舍中的 CO_2 一般高于此值，其主要来源是由羊呼吸产生。在冬季，封闭式羊舍 CO_2 含量比大气高得多。即使在通风良好的条件下，舍内 CO_2 含量往往也会比大气高出 50％以上。CO_2 在舍内分布很不均匀，一般多积留在羊活动区域、饲槽附近及靠近天棚的上部空间。

CO_2 本身为无毒气体，它的主要危害是造成动物缺氧，引起慢性毒害。动物长期处于缺氧环境中，表现为精神萎靡、食欲减退、体质下降、生产力降低，对疾病的抵抗力减弱，特别易感结核病等传染病。当 CO_2 浓度为 1％时，羊只呼吸加快，出现轻微气喘现象；当 CO_2 浓度为 2％时，气体代谢和能量代谢下降，因氧化过程和热的生成受阻，体温有所降低；当 CO_2 浓度为 4％时，

血液中发生 CO_2 积累；当 CO_2 为 10% 时，引起严重气喘，呈现麻痹；当 CO_2 浓度高达 20% 时，动物数小时窒息而死。成年绵羊在 CO_2 浓度分别为 4%、8%、12%、16%、18% 时，每千克体重的干物质采食量和总能、粗蛋白、粗纤维、灰分和消化率，都随浓度增加而下降。空气中 CO_2 浓度的安全阈值比较高，一般羊舍空气中的 CO_2 很少达到有害的程度。只有当封闭式的大型羊舍通风设备失灵而得不到及时维修时，才可能发生 CO_2 中毒。羊舍中 CO_2 之所以被作为有害气体被监测，在于它是舍内常见气体，其浓度常与空气中 NH_3、H_2S 和微生物含量呈正相关，CO_2 浓度在一定程度上可以反映羊舍空气的污浊程度和舍内通风状况。如果 CO_2 浓度升高，说明其他有害气体含量也可能增多。因此，CO_2 浓度通常被作为监测羊舍空气污染程度的可靠指标，可作为评定羊舍空气卫生状况的一项间接指标。一般要求，羊舍空气中 CO_2 浓度应小于 0.2%。

（5）恶臭物质。恶臭物质是指刺激人的嗅觉，使人产生厌恶感，并对人和动物产生有害作用的一类物质。畜牧场的恶臭来自家畜粪便、污水、垫料、饲料和畜尸等的腐败分解，家畜的新鲜粪便、消化道和呼吸道排出的气体、皮脂腺和汗腺的分泌物、畜体的外激素以及黏附在体表的污物等也会散发出不同家畜特有的难闻气味。

畜牧场粪尿废弃物中所含有机物大体分成糖类和含氮化合物，它们在有氧或无氧条件下分解出不同的物质。糖类在有氧条件下分解释放热能，大部分分解成 CO_2 和 H_2O；而在无氧条件下，氧化反应不完全，可分解成 CH_4、有机酸和各种醇类，这些物质略带臭味和酸味，使人产生不愉快的感觉。含氮化合物主要是蛋白质，在酶的作用下分解成氨基酸，氨基酸在有氧条件下可继续分解，最终产物为硝酸盐类；而在无氧条件下分解成 NH_3、硫酸、乙烯醇、二甲基硫醚、H_2S、甲胺和三甲胺等恶臭气体，这些恶臭气体有腐烂葱臭、腐败的蛋臭和鱼臭等各自特有的臭味。因此，畜牧场内如粪便中水分过多或压紧无新鲜空气，使粪尿内形成局部无氧环境时，往往会产生和释放恶臭气体。

畜牧场恶臭的成分及其性质非常复杂，其中有一些并无臭味甚至具有芳香味，但对动物有刺激性和毒性。此外，恶臭对人和动物的危害与其浓度和作用时间有关。低浓度、短时间的作用一般不会有显著危害；高浓度臭气往往导致对健康损害的急性症状，但在生产中这种机会较少。值得注意的是，低浓度、长时间的作用有产生慢性中毒的危险，应引起重视。

（二）微粒和微生物

1. 微粒　微粒是指存在于空气中的固态杂质和液态杂质的统称。羊场大气中的微粒主要来源于地面和生产活动。因此，羊场畜舍类型、地面条件、土壤特性、绿化程度、季节和天气等因素，以及肉羊养殖生产过程中的一系列操作，都决定着羊场空气微粒的数量和性质。羊舍空气中的微粒，少量是在通风换气中由外界大气带入，而大部分来自生产管理过程，如地面清扫、饲料分发、粪尿清除以及羊只活动（包括羊的走动、打斗、咳嗽、鸣叫）等，都会引起舍内空气中微粒的增多。所以，羊舍内空气微粒的含量远比外界大气中高，而且主要是有机性的。羊舍中空气微粒的数量因生长阶段、饲养密度及饲养管理方式不同而有很大差别。一般舍内微尘含量为 $10^3 \sim 10^6$ 粒/m^3，而在翻动垫料及羊群奔跑时，数量可增加数十倍。特别是舍内干燥且粪便蓄积时，舍内微尘含量更高。如果舍内有患病羊只或带菌羊只，病原体通过微粒使疾病很快蔓延。因此，在封闭式或半封闭式通风较差的羊舍中，如何消除或减少舍内微粒带来的病原传播，已成为控制肉羊舍内环境、提高肉羊福利的重要内容。

微粒对肉羊最大的危害是通过呼吸道造成的。微粒直径的大小可以影响其侵入肉羊呼吸道的深度和停留时间，而产生不同的危害，微粒的化学性质则决定其毒害的性质。有的微粒本身具有毒性，如石棉、油烟、强酸或强碱的雾滴以及某些重金属（铅、铬、汞等）粉末。有的微粒吸附性很强，能吸附许多有害物质。粒径大于 $10\mu m$ 的降尘一般被阻留在鼻腔内，对鼻黏膜产生刺激作用，经咳嗽和喷嚏等保护性反射作用可排出体外。粒径 $5 \sim 10\mu m$ 的微粒可到达支气管，粒径 $5\mu m$ 以下的微粒可进入细支气管和肺泡，而粒径 $2 \sim 5\mu m$ 的微粒可直至肺泡内。这些微粒一部分在肺内沉积下来，引起尘肺病，导致肺泡组织坏死，肺功能衰退；另一部分随淋巴液循环流到淋巴结或进入血液循环系统，然后到达其他器官，表现为淋巴结尘埃沉着和结缔组织纤维性增生。当少量微粒被吸入肺部时，可由巨噬细胞处理，经淋巴管送往支气管淋巴结。肺内少量微粒的出现，通常不认为是尘肺。只有当微粒（粉尘）在肺组织中沉积并引起慢性炎症反应时才称为尘肺。发生尘肺的肉羊必然有肺结构和功能的障碍，但这种疾病在生产中并不常见。

微粒在肺泡的沉积率与粒径大小有关，$1\mu m$ 以下的微粒在肺泡内沉积率最高。但小于 $0.4\mu m$ 的微粒能较自由地进入肺泡并可随呼吸排出体外，故沉积较少。微粒能吸附 NH_3、H_2S 以及细菌、病毒等有害物质，其危害更为严重。这种微粒越小，被吸入肺部的可能性越大。这些有害物质在肺部有可能被溶解，并侵入血液，造成中毒及各种疾病。

此外，微粒落在皮肤和被毛上，可与皮脂腺、汗腺分泌物以及被毛、皮屑、微生物混合在一起，对皮肤产生刺激作用，引起发痒、发炎。同时，使皮脂腺和汗腺管道堵塞，皮脂和汗液分泌受阻，致使皮脂缺乏，皮肤变干燥，造成皮肤感染。严重时，导致被毛脱落。

2. 微生物 自然环境空气比较干燥，缺乏营养物质，且流动性强，温度变化幅度大，加之太阳中紫外线的杀菌作用，故空气本身不利于微生物的生存。只有一些抵抗力强、能产生芽孢或具有色素的细菌、真菌的孢子能独立在空气中生存。而其他微生物一般均附着于微粒上在空气中浮游。由于在羊舍空气中微粒多、紫外线少、空气流速慢以及微生物来源多等原因，使舍内空气微生物往往较舍外多，其中病原微生物更可能对羊只造成严重的危害。

舍内空气中微生物的主要来源是各种生产活动，其数量同微粒的多少有直接关系。凡是能使空气中微粒增多的因素，都可能使微生物的数量随之增加，如清扫羊舍地面和墙壁，羊的咳嗽、打喷嚏、奔跑和争斗等都可产生大量的微粒，从而增加空气中的微生物。如果舍内有羊受到感染而带有某种病原微生物，可以通过喷嚏、咳嗽等途径将这些病原微生物散布于空气中，并传染给其他羊只。结核病、肺炎、流行性感冒以及口蹄疫等都是这样通过气源传播的。羊舍空气中的病原微生物可通过以下两种气源传播方式进行疾病传播：

（1）飞沫传播。当携带细菌或病毒的肉羊咳嗽或打喷嚏时，可喷出大量的飞沫液滴，喷射距离可达数米，滴径小的可形成雾扩散到舍的各部分，粒径小于 $1\mu m$ 的飞沫，甚至可长期飘浮在空气中。大多数飞沫在空气中迅速蒸发并形成飞沫核，飞沫核由唾液的黏液素、蛋白质和盐类组成，附着在其上的微生物因得到保护而不易受干燥及其他因素的影响，有利于微生物的生存，其粒径一般小于 $2\mu m$，属于飘尘，可以长期飘浮于空气中。故可侵入羊的支气管深部和肺泡而发生传染。通过飞沫传染的，主要是呼吸道传染病，如肺结核、肺炎和流行性感冒等。

（2）尘埃传播。来源于人类和动物的尘埃，往往带有多种病原微生物。病羊排泄的粪尿、飞沫、皮屑和细毛等经干燥后形成微粒，极易携带病原微生物飞扬于空气中。当易感羊只吸入后，可传染发病。通过尘埃传播的病原体，一般对外界环境条件的抵抗力较强，如结核菌、球菌和霉菌孢子等。

一般来说，飞沫传播在流行病学上比尘埃传播更为重要。

（三）减少羊舍内微粒和微生物的措施

1. 合理选择场址　新建羊场在选择场址时，要远离产生微粒较多的厂矿。同时，注意避开医院、兽医院、屠宰厂和皮革厂等污染源。羊场要有完善的防护设施与外界明显隔离，可以建隔离墙或种植绿化隔离带，场内各功能区之间也要严格分隔。

2. 合理分区规划与布局　应考虑产生微粒较多的饲料加工厂（区）或饲料配制车间的设置，使其远离羊舍，并应设有防尘设施；粪污处理区要处于场区的下风向，并设有隔离屏障。

3. 建立和健全各种防疫制度，防止疾病的发生　做好羊场生产区的卫生安全措施，定期消毒，病羊要及时隔离治疗，车辆和人员的进出要严格消毒，以减少病原微生物侵入羊场的机会。

4. 加强日常的生产管理 尽量减少微粒的产生，清扫地面、分发饲料、翻动或更换垫草时，应趁羊只不在舍内时进行；禁止在舍内刷拭羊体、干扫地面等活动；舍内人员活动时，应尽量避免羊群受惊奔跑，导致扬尘；舍内及运动场粪尿要及时清理。

5. 保证通风换气 及时进行通风换气，有效地减少舍内的微粒和微生物，并对场区实行全面绿化、植树种草，改善羊舍和牧场周围的地面状况。

四、饲养密度

饲养密度是指动物个体在舍内所占有的地面面积。在现代集约化肉羊生产条件下，饲养密度是一个比较重要的生产参数，它不仅决定单位面积的生产效率和生产成本，还是现代动物生产体系工艺主要特征的体现。在集约化生产条件下，随着饲养工艺的改进，饲养密度大大提高，以追求高效生产。但饲养密度不是越大越好，过大无论对肉羊的生产性能还是健康都会产生负面影响。

羊是群居动物，其空间需要是既定量又定性的。定量需要相关的空间占有、社会距离、奔跑距离和实际领域；定性需要相关的空间依赖活动，如采食、身体维护、探求、运动和社会行为。最小的空间需要是满足身体大小和基本的移动需求。羊需要长、宽、高距离来满足站立、躺下和移动身体，包括头、颈和四肢。在躺下时，羊的需要空间因身体的翻滚和后肢的伸展而增加。

饲养密度过高会影响肉羊的个体行为和社会行为，导致活动量降低、身体损伤增多和异常行为加剧等。另外，圈养条件一般环境单调，刺激严重不足，抑制肉羊的探求活动，并使肉羊将注意力转向同伴，也会引发异常行为。

（一）饲养密度对肉羊的影响

1. 饲养密度直接影响羊舍的卫生状况 同一栋舍，饲养密度大，肉羊总散热量就多，故舍内气温就较高；饲养密度小，则相反。所以，为了防寒避暑，在必要和可能的情况下，冬季可适当提高饲养密度，夏季应适当降低。冬季羊舍密封时，饲养密度过大，从肉羊身体及呼吸道排出的水汽多，导致舍内湿度增大。饲养密度过大还会使羊舍内空气质量恶化，导致舍内有害气体如 NH_3、H_2S 及 CO_2 气体浓度增高。当舍中的 NH_3 浓度过高时，就会导致增重下降、饲料转化率降低和体质下降。严重时，会激发支气管炎。此外，高密度饲养还会减少每一个个体的生存空间，提高了环境中刺激性微粒和微生物的浓度。这些不良因素均能导致羊发生呼吸道疾病和传染病，同时由于高度接触，皮肤病和寄生虫病等疾病的传播机会也会增多。

2. 饲养密度影响肉羊的群体行为 对羊来说，个体间的空间大小主要考虑品种和位置。在广阔的荒野和山岭地带的羊比在低洼地带的羊保持较大的距离，这可能是适应或是食物广泛散布的结果。在食物分散的条件下，如山区，与第二近邻居的距离是在低洼地最近邻居放牧距离的 3 倍。这是坚持"配对"的结果，它也是小山羊群的显著特征。不同品种羊最近邻居之间的距离在山地和荒野是 4.0~8.6m，在低洼地放牧时是 3.4~4.4m。这些数据表明，绵羊能快速形成配对，成对的羊便于管理。例如，从围栏到跑道间过渡区域的设计应改进为允许两只羊平行进入跑道。如果一个羊群由于某些原因解散，但成对或者小组却依然在一起，所以群体内聚性是保持的。

在澳大利亚，人们研究了道赛特羊、美利奴羊和南丘羊的自然羊群内个体羊之间形成的联系。当道赛特羊放牧的时候，个体之间的联系是在采食范围之内。对南丘羊来说，个体间联系主要通过小围场的分布区域而不是一个全面的区域。美利奴羊常聚在一个组内，仅在食物短缺的情况下分成小群，之后像其他两个品种按性别组和年龄组分开。苏格兰黑脸羊在几乎任何条件下都能形成小群组，与品种和来自不同资源不能很快结合成一个社会和谐组的羊群无关。甚至品种相同但来自不同羊群的羊混群的时候，它们可能花费较长的时间去融合[7]。两组 100 只的美利奴羊（○和●）以每公顷 15 只的密度放在一起，观察到第 1d、第 7d 和第 17d 的休息地分配情况，羊群完全混合需要 20d，见图 4-1。

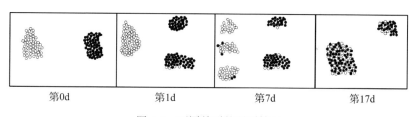

| 第0d | 第1d | 第7d | 第17d |

图 4-1　不同羊群的混群情况

3. 饲养密度影响肉羊的个体行为　行为需要是指肉羊个体为了生存或适应环境所必须采取的行为方式。行为反应是个体用来回避不良刺激、传递信息及玩耍的必要手段，还借此炫耀自身的存在、存在的状态及紧张程度等。现代集约化饲养管理限制了许多具有生物学意义的行为。例如，社会行为对个体来说十分重要，妊娠或哺乳母羊的单栏饲养限制其社会行为的表达；个体的运动也是一样，由于运动系统存有大量的感受器，如肌肉、筋腱和关节等，这些器官在运动中可提供给动物大量的感觉输入。另外，在现代饲养管理中由于规律地供食、供水及保证休息时间，肉羊的一些行为的确也无须表现，一些自然行为在现代管理体系中相应少了，这种减少并不意味着行为缺失；但过度减少或出现反常行为，则说明此时肉羊无法适应环境。

高群居密度不仅是增加群居肉羊竞争行为的仅有因素，而且会导致个体产生负面影响。高密度意味着某一羊只比它的个体距离更可能接近另一个体。结果，入侵个体空间可能导致攻击反应或者回避反应。反过来，导致一个更深入的侵犯。绵羊通过头部运动的方式来威胁其他个体。如果没有顺从地回应发生，它们可能攻击、碰撞或者薅拽羊毛。动物在有限的空间不能自由转向，只能进行重复的动作，从而对动物的生理和行为产生影响。

行为缺失是指在现行管理条件下，肉羊被约束而无法表现的那些必要行为。一些非必要行为的不表现不等于行为缺失，因为肉羊的功能并不因此而受到影响。如果是因维持行为当中的某个行为成分的缺失而影响到肉羊对环境变化的适应能力，也就是肉羊无法通过行为调节来维持体内平衡时，这类行为的缺失就叫做"行为剥夺"。

在自然散放条件下，绵羊的维持行为有 43 个（表 4-7）；在集约化生产条件下，舍饲绵羊有 14 个行为缺失（表 4-7）。由此可见，行为被剥夺程度与管理方式的关系密切，而被剥夺的行为主要是那些参与运动、社会协调及其探求、保养和领地行为等。行为剥夺不仅意味着肉羊被约束而无法表达一个物种成员所应表达的行为，还意味着由于这一结果所导致的负面影响。

表 4-7　在自然散放条件下绵羊的维持行为数及集约化生产条件下行为缺失数

行为	自然散放条件下的维持行为数（个）	集约化生产条件下的行为缺失数（个）	缺失率（%）
反应性行为	8	2	25.0
采食行为	7	2	28.6
探求行为	5	1	20.0
活动行为	5	2	40.0
社会协调行为	6	3	50.0
保养行为	4	1	25.0
领地行为	3	2	66.7
休息行为	5	1	20.0
行为总数	43	14	32.6

行为剥夺的危害是影响肉羊对环境的适应能力。在长期进化过程中，由于自然选择的结果，肉羊的一些行为及其功能与生存、繁殖以及适应环境密切相关。由于行为的剥夺，与其有关的一些功能受到限制，其生活质量和健康势必受到影响。如果不能表现在自然条件下的各种行为，肉羊因不能自由表现行为而遇到挫折，进而因心理压力升高而感到紧张、压抑、沮丧，甚至痛苦。这些心理感受会导致肉羊免疫系统功能的下降，机体抗病力降低，个体发病率升高。

另外，如果饲养密度过大，饲养环境贫瘠，肉羊烦躁或孤独，由于行为受限，心理"动机能"升高，还会通过从事"真空活动"来释放动机能，缓解心理压力。由于绝大多数的"真空活动"是无意义的，故行为异常，如一成不变的走动、空嚼、撕咬皮毛、假反刍行为等。例如，因饲养密度过大、环境单调，肉羊就会因无聊而对同伴身体的突起部位产生兴趣，并引发吮吸或撕扯等嗜好。另外，加之群养为个体间提供了接触的机会，这种行为会导致被吮吸或撕扯部位形成溃疡，或将吮入口内的毛吞下，在瘤胃内形成毛团而影响消化。再如假反刍和空嚼行为，羊作为反刍动物，反刍是其正常的生理活动，如果集约化生产条件下，没有给羊提供纤维饲料以刺激其反刍，肉羊就会出现无进食而嘴不停地做咀嚼的古板行为，在无食状态下的咀嚼活动是一种异常行为。一般个体表现出无食咀嚼和假反刍，虽然对个体本身无健康上的危害，但每天长时间咀嚼会消耗能量。有这种习惯的个体一般体质都比较消瘦，而且肉羊通过采用无食咀嚼和假反刍的方式来增加感觉输入，以缓解采食欲望[9]。

这种异常行为可能有助于肉羊缓解或满足其行为需求，但这种异常行为会导致能量大量消耗，因而就会导致采食量增加而饲料转化效率降低。考虑到在散养的条件下极少出现行为异常的问题，因此异常行为的出现可以认为是由集约化的养殖模式下饲养密度过大压抑了肉羊正常的行为需求所致。

4. 饲养密度影响肉羊生长性能　如果饲养空间不足（如每只成年羊 $0.5m^2$ 或小于 $0.5m^2$），羊会出现明显的慢性应激反应以及其他一些不良反应，如氮代谢出现的糖异生和代谢损耗的变化、代谢速率的提高、免疫抑制作用的出现以及生产性能和繁殖性能的降低等。

（二）肉羊的饲养密度标准

饲养密度是肉羊福利和生产管理决策的中心，应保证每只羊都有足够的自由运动和休息空间，采食和饮水不受限制，适当的饲养密度不仅有助于减少羊个体之间直接接触的机会，减少争斗；在传染病发生时，还有利于降低传播的速度和传播扩散的面积。一般认为，群养种公羊需要 $1.8\sim2.25m^2$/只；母羊需要 $0.8\sim1.0m^2$/只；妊娠或哺乳母羊在冬季产羔时需要 $1.4\sim2.0m^2$/只，春季产羔则需要 $1.1\sim1.6m^2$/只；幼龄公、母羊需要 $0.6\sim0.8m^2$/只（表4-8）。

表 4-8　各类羊只在舍内所需的面积[10,11]

羊别	面积（m^2/只）	羊别	面积（m^2/只）
春季产羔母羊	$1.1\sim1.6$	成年羯羊和育成公羊	$0.7\sim0.9$
冬季产羔母羊	$1.4\sim2.0$	1岁育成母羊	$0.7\sim0.8$
群养公羊	$1.8\sim2.25$	去势羔羊	$0.6\sim0.8$
种公羊（独栏）	$4\sim6$	3~4个月的羔羊	占母羊面积的20%~25%

五、环境富集

环境富集也称环境丰富度或行为丰富度，是指在单调的环境中，为动物提供有效的环境刺激，促使动物表达其种属所特有的行为和心理活动，从而使动物的生理和心理均达到健康状况。环境富集主要是针对集约化生产体系提出的，并且把它作为家畜生产环节中比较重要的环境因素考虑。

家畜的自然环境是复杂的，个体甚至需要用一生的精力来应对那些复杂的环境刺激。为了有效地应对环境刺激，动物还需要开发出各种行为来实现这一目的。因此，自然环境中动物的行为多样性也说明了环境刺激的复杂性。在粗放式放牧饲养方式下，羊还可以接触到来自环境的不同刺激，如不同地形、不同牧草类型、不同的动物及不同的个体等。而集约化生产方式完全改变了羊的环境，有限的圈舍、光滑的水泥地面或漏缝地板使得羊的环境十分贫瘠，除了圈栏、饲槽、地面和同伴外，几乎从环境中找不到任何有效的刺激。羊在这种环境下其天性无法得到满足，多种维持行为消失，多种异常行为出现。增加环境刺激的目的是刺激肉羊更多地表达自然行为，减少规癖行为，提高健康和福利状况。羊的环境刺激大体分为两类：社会环境和生理环境。

（一）社会环境

羊是群居动物，一生中绝大多数时间是以群居的方式生活，因此羊个体有社会交往的需求。在人工饲养条件下，饲养员和管理者与羊的接触通常较多，而羊生性胆小怕人。因此，饲养员和管理者应尽可能多地亲近它们。亲近似乎比简单的接触更重要，这样能够消除羊个体对人的恐惧。牧区放牧肉羊在这方面表现得比较明显。羔羊一出生就同饲养员朝夕相处，羊不再惧怕饲养员。这对后期的饲养管理、生产操作以及运输都有好处，可以减少生产过程中的应激。

（二）生理环境

大量的观察数据表明，生长在刺激贫瘠环境的羊因缺乏足够的环境经验而过度神经敏感，表现为容易应激且不宜屠宰前的长途运输。在肉羊生产过程中，提供给肉羊必要的环境刺激及舒适的生活环境是未来肉羊生产的发展趋势，也是满足肉羊福利要求的必然手段。

良好的饲养设施和饲养环境是动物健康的客观保证。目前，丰富环境和改善肉羊舒适度的方式很多，除了上面提到的增加社会环境外，还可以通过改进生产工艺设计或添加有效物品（如垫草、异物玩具、栖架等）。在舍饲条件下，改善羊的生理环境最常见、最有效的手段是添加垫草。垫草可以增加羊的舒适度，起到提高环境温度的作用，特别是在潮湿和寒冷的环境下，垫草的保温效果更好。由于垫草的存在，羊可以咀嚼、玩耍和觅食，尤其可以满足羔羊的探索行为，大大降低了群内个体间吃毛、无食咀嚼和假反刍等规癖行为和异常反应。

此外，针对山羊喜攀高的特性（图4-2），在集约化饲养条件下，可在羊舍外运动场内设攀岩桩或土丘等设施来增加圈舍环境丰富度，满足山羊攀高行为，提高其福利状况。

图 4-2 山羊攀高行为

六、粪污处理

大型羊场每天产生的粪污量非常大，如果不及时处理，就会成为羊场及周边环境的污染源，产生的有害气体影响羊只的健康，降低羊只的福利水平。目前，养羊场粪污处理利用主要方式是用作农作物肥料，即羊粪经传统的堆积发酵处理后还田。羊粪还可以与经过粉碎的秸秆、生物菌搅拌后，利用生物发酵技术对羊粪进行处理，制成有机肥。从动物福利角度考虑，羊场可采用以下两种粪污处理技术：

（一）高床式羊舍粪污处理方式

南方地区由于气候潮湿、温度较高，尤其是夏季高温高湿，因此南方多数省份主要采用高床式养羊。高床式羊舍建设主要采用漏缝地板，这种方式具有干燥、通风、粪便易于清除等优点，可以大大减少羊疾病的发生。漏缝地板距离地面的高度为80～100cm，板材可选用木条和毛竹片等，相互之间的缝隙宽度以1cm左右为宜。在温度较低的地方或冬季，应在漏缝地板上放置木质羊床供羊躺卧。

1. 高床式羊舍粪污收集系统 高床式羊舍粪污收集系统一般由排尿沟、降口、地下排出管和粪水池构成。排尿沟设于羊栏后端，紧靠清粪道，沟底至降口有1‰左右的坡度。粪水池容积应储20～30d的污水量，距离饮水井不少于100m。高床式排污系统可提高劳动生产率、节约人力。粪便收集主要采用人工清粪方式，规模化程度高的羊场可采取机械清粪方式。在高床式羊舍，通常每周清粪一次，收集的羊粪进行集中堆积发酵处理，可施入草地或还田作为农作物肥料，收集的污水可采用沼气池进行处理。

2. 粪污处理规划及处理方法　粪污处理工程设施因处理工艺、投资、环境要求的不同而差异较大，应综合环境要求、投资额度、地理与气候条件等因素进行规划和工艺设计。

（二）羊舍内粪污自然发酵处理方式

北方地区由于气候较南方干燥，所以圈舍内的羊粪含水量较低，羊粪在羊舍或运动场堆积 20～30cm 厚时集中清理，也可定期或羊只出栏后一次性清理。羊粪通常采用机械或人工方法清理固体粪便。在北方寒冷干燥地区，羊舍及运动场中的羊粪大多在羊出栏后一次性清理。由于育肥羊大多在冬春季节饲养，自然铺垫在羊舍地面的羊粪能起到较好的保温作用。

在西北地区，育肥羊场大多采用架子羊短期育肥方式，即收购架子羊进入育肥场饲养 3～4 个月出栏。在整个育肥期内，羊的粪尿排泄在羊舍及运动场地面，经羊只的踩踏和躺卧后，呈粉末状，层层叠加，形成"羊板粪"。羊板粪在圈舍内的形成过程中经过了简单发酵，且含水量较低。经过发酵，板粪向空气中排放的有害气体减少，粪中病原微生物和杂草种子会因发酵产热被杀灭，且肥力提高，同时有利于羊舍地面保温。待育肥羊出栏后，采用机械或人工翻挖方法进行清理。

第二节　设施设备

一、圈舍

肉羊集约化舍饲的优点是能够实现肉羊的高密度饲养，采用工厂化生产工艺，有利于疫病防控及现代饲养技术的应用，可进行机械化作业，减少劳动力的使用，单位面积生产效率高。但是，如果使用不当，上述特点不但不能充分发挥，而且还会给动物的健康带来危害，影响生产。舍饲工艺的好坏，与畜舍结构设计及舍内设施的合理性关系密切。羊舍是羊活动的主要区域，也是重要的外界环境条件之一。羊舍建筑是否合理、能否满足羊的生理要求、是否便于饲养管理，对羊的生产和健康以及羊的福利有很大关系。

过去，由于人们缺乏对家畜行为的了解，在设计畜舍建筑时，采用的设计参数没有充分考虑动物的需要，多数是按照管理者或生产工艺的要求而设计的，往往导致意想不到的生产性问题。譬如，畜舍通风不良，有害气体浓度过高，危害家畜的健康；地面过于光滑或采用的漏缝地面有缺陷而造成肢蹄损伤；活动空间设计不足，限制了个体的活动量，导致体质下降，增加了个体的淘汰率等。

从行为学角度出发，畜舍结构设计要本着从满足家畜的生物学需要出发，尽可能使家畜个体体验到自然的感受。当然，这种所谓的"自然"不是按照自然的环境条件设计。这不符合生产的要求，而是在设计结构时尽可能多地考虑动物的因素，来克服设计者人为的"自以为是"的做法。

（一）羊舍类型

羊舍是羊只活动的主要场所，羊舍的类型因不同气候特点、不同地域以及不同饲养阶段而设计不同。不同类型的羊舍，在提供小气候条件上有很大的差别，所以对羊的福利状况影响也有所不同。根据不同结构的划分标准，可将羊舍划分为若干类型。

根据羊舍四周墙壁封闭的严密程度，羊舍可划分为开放式羊舍、半开放式羊舍和封闭式羊舍3种类型（图4-3）。开放式羊舍：三面有墙，正面无墙，或只有屋顶而四面无墙（棚舍）。这种羊舍可防止太阳辐射，采光与通风效果好，造价低廉，但保温防寒性能差，适合于我国南方炎热地区或作为短期育肥羊舍。半开放式羊舍：羊舍三面有墙，正面有半截长墙，保温性能较差，但采光通风好，适合于温暖地区。封闭式羊舍：四周有完整墙壁，保温性能好，适合较寒冷的地区采用，可装配通风设施，制定合理的通风制度，以免由于通风不足导致舍内湿度过高或有害气体含量超标，对羊的健康造成危害，使其福利状况恶化。目前，羊舍的发展趋势是将羊舍建成组装式类型，即墙、门、窗可根据一年内气候的变化或根据羊的不同生长阶段，进行拆卸和安装，组装成不同类型的羊舍。

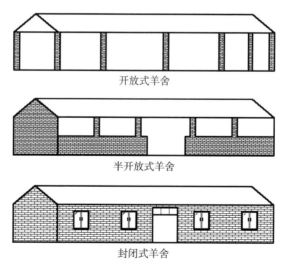

图 4-3　不同封闭程度的羊舍样式

根据羊舍屋顶的形式，可将羊舍分为平顶式、拱顶式、单坡式、双坡式、联合式、半钟楼式、钟楼式等类型（图4-4）。平顶式、拱顶式和单坡式羊舍，跨度小，自然采光好，适用于小规模羊群和简易羊舍选用。双坡式和联合式羊舍，跨度大、保暖能力强，但在无机械通风设备及屋顶不设采光板情况下，自然通风和采光效果较差，适合于寒冷地区采用。在寒冷地区规模较大的羊舍可选用双坡式、联合式及半钟楼式羊舍类型，通过在屋顶使用采光板等材料增加自然采光。在炎热地区可选用钟楼式羊舍以增加舍内自然通风，保证良好的福利状况。

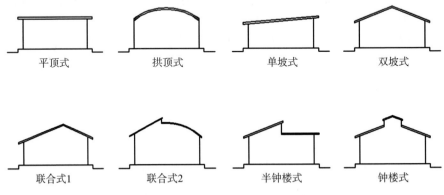

| 平顶式 | 拱顶式 | 单坡式 | 双坡式 |

| 联合式1 | 联合式2 | 半钟楼式 | 钟楼式 |

图 4-4　不同屋顶形式的羊舍样式

此外，根据我国南方炎热潮湿的气候特点，为了保持羊舍的通风干燥，可修建楼式羊舍（图 4-5）。夏秋炎热季节，羊饲养在楼上，粪尿通过漏缝地板落入楼下地面，同时将楼下门窗打开，能够增强自然通风，以达到降温效果。将羊饲养于楼上，可避免夏季虫蛇野兽的侵扰；冬春季节，将楼下粪尿清理干净后，楼下饲养羊，防风防寒，楼上堆放干草饲料（图 4-5A）。此种楼舍上层开设较大窗户，以利于通风；下层开设较小窗户，以利于保温。此外，楼舍也可依山建成吊楼式（图 4-5B）。此种羊舍高出地面 1～2m，安装吊楼，吊楼上为羊舍，吊楼下铺设接粪斜坡，并在舍后与粪池相连，舍前修建斜坡通往运动场。楼式羊舍的特点是根据气候特点和地区地形而建，羊舍地板离地面有一定的高度，防潮、通风透气性好，适合于南方炎热、潮湿地区。

对于山羊来说，适宜的气温是 10～15℃。在不过分潮湿的环境下，山羊对低温的忍受力较好。山羊对于潮湿的惧怕胜于寒冷。我国南方地区潮湿多雨，是山羊舍饲的不利条件。但在养羊生产中，为了适应这种潮湿多雨的环境条件，早已有类似高床羊舍的楼圈建筑，如四川省凉山彝族自治州的楼式羊圈已有数百年的历史。高床羊舍使分散的羊群集中，解决了南方地区山羊舍饲实现集约化、规模化养羊的难题。高床羊舍能解决粪便清理和草料污染问题，羊体与尿隔离，减少了羊病重复感染的机会。高床羊舍冬天圈舍保温，夏天通风透气，避免了潮湿环境对山羊的侵害，降低了羊群的发病率，

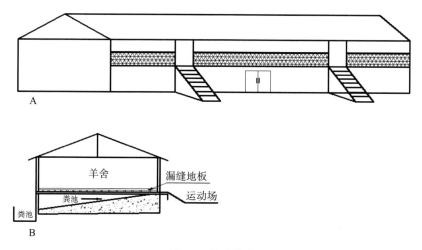

图 4-5 楼式羊舍

减小了日常管理的劳动强度，提高了劳动生产效率。这种养殖模式最大限度地保证了山羊的福利。

在我国北方高寒地区小规模养殖场还有一种塑料暖棚式羊舍（图 4-6）。这种羊舍采用联合式屋顶形式，一般是半开放式羊舍，阳面屋顶仅搭建骨架，秋冬寒冷季节在骨架上覆塑料膜，利用温室效应保证舍内温度；春夏温暖或炎热季节，撤掉塑料膜，以增加自然通风。一般采用厚度为 0.2～0.5mm 的白色透明塑料薄膜，透光好、光照强度大。覆盖塑料膜时，薄膜要铺平、拉紧，中间固定，边缘压实，扣棚角度一般为 35°～45°。向阳面墙的高度以不被羊破坏塑料薄膜为宜。在端墙上设门和进气孔。在塑料棚阴面屋顶上，东西方向每隔 8～10m 设 1 个排气孔，开闭方便，棚舍坐北朝南。这种塑料暖棚式羊舍造价低廉，保温、采光性能好，适合于寒冷地区冬季采用。但这种羊舍冬季通风效果差，易导致舍内有害气体含量超标，且会因舍内湿度过大而出现滴水现象，导致舍内病原菌孳生，影响羊的健康和福利状况。

（二）地面类型

舍内地面又称为畜床，是羊躺卧休息、排泄和生产的地方。地面的保暖与卫生状况很重要。羊舍地面有实地面和漏缝地面两种类型。实地面又因建筑材料不同而分为夯实黏土地面、三合土（石灰：碎石：黏土为 1：2：4）地面、石地面、混凝土地面、砖地面、水泥地面和木质地面等。其中，夯实黏土地面易于去表换新，造价低廉，但易吸水潮湿和不便消毒，干燥地区可采用。三合土地面较夯实黏土地面好。石地面和水泥地面不保温、太硬，但便于清扫与消毒。砖地面和木质地面保暖，也便于清扫与消毒，但成本较高，适合于寒冷地

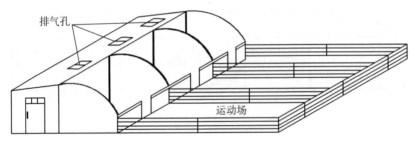

图 4-6　塑料暖棚式羊舍

区。饲料间、人工授精室、产羔室可用水泥或砖地面，以便于消毒。漏缝地面能给羊提供干燥的畜床，国外常见，国内亚热带地区新式羊舍已普遍采用。漏缝地面用软木条或镀锌钢丝网等材料做成，木条宽 32mm、厚 36mm，缝隙宽 15mm，适宜于成年绵羊和 10 周龄以上羔羊使用。镀锌钢丝网眼要略小于羊蹄的面积，以免羊蹄漏下伤及羊身。

在畜牧生产中，无论选择哪一种生产工艺都涉及地面选择问题。对于规模化畜牧场而言，漏缝地面的应用可大大减少劳动力成本，但漏缝地面给生产和家畜身体带来的损伤也是十分明显的。漏缝地面最大的生产性问题是舍内空气质量，特别是密闭产仔舍内恶臭气体给家畜带来的危害十分严重，肺部疾病最为常见。除此之外，由于漏缝地面往往材质较硬，而有的设计不太合理，常导致肢蹄损伤，如羊的膝部擦伤及肢蹄损伤一般都比较严重。另外，缝隙的宽度也是考虑的因素，如果板间缝隙过大会伤害蹄子，过小又不利于粪便的下漏。具体宽度与饲养的家畜类型有关。

普通地面主要应注意地面的光滑度和畜床的倾斜度。因为光滑的地面不利于羊的站立和行走，常常引起羊在起身或趴卧时滑倒，造成脱臼或流产，特别是妊娠羊舍一般要求地面的摩擦系数要高。如果羊舍是水泥材料，也可以考虑上铺 15cm 左右厚的整草或锯末，增加舒适感，减少蹄的损伤。铺设垫料应注意清洁，及时清理受污染的垫料，否则易导致发酵产生有害气体或增加蹄病发生，一旦发生属于管理不当。

（三）畜栏结构

为了便于肉羊饲养的日常管理，舍饲肉羊一般都要涉及使用畜栏。畜栏可以将同类个体（同窝或者日龄相近、性别相同、生理状态相同等）集中起来饲养，可以实施相同的饲养技术（如饲料类型、防疫程序、转栏等）。畜栏涉及大小、形状及功能等。

畜栏的大小主要取决于生产工艺或目的。如果考虑生产成本，则采用高密度饲养。羊是放牧动物，游牧习性较强，多以大群活动。所以，舍饲圈养时一般不设置圈栏，主要以作业通道为界划分饲养区。这样便于操作和生产管理。

畜栏墙壁是否通透、邻圈个体能否相互可视，取决于生产要求。由于肉羊属于群居动物，个体间相互可视有利于群体的安宁，因此通透式的隔栏对提高肉羊福利有利。当然不全如此，对产圈而言，一般使用不通透的间隔，以避免相互干扰。而放牧或散放饲养的肉羊，由于饲养范围较大，一般采用围栏方式管理。围栏一般使用金属线或木板做成，为安全起见也可使用电围栏。

（四）运动场

现代集约化肉羊饲养模式下，肉羊长期舍饲圈养，减少了羊群的户外运动量，从而易造成妊娠母羊体质下降，舍内圈养的羊经常有肢蹄问题，并且生长缓慢。为了解决运动不足的问题，应采取停牧不停运动的措施，保证羊的舍外运动时间，以增加羊的体质。对于舍饲养羊，运动场的建造至关重要。运动场可以使舍饲肉羊获取充足的阳光、沐浴新鲜空气，最有可能实现动物行为的自然表达。运动场面积一般为羊舍面积的3～5倍，成年羊运动场面积可按$3m^2$／只以上计算。

运动场一般设在羊舍的南面，低于舍内地面30～60cm，运动场要求平坦微坡（1%～3%），向南缓缓倾斜，以沙质土为好，便于排水和保持干燥。周围设围栏，围栏高度1.3～1.5m。运动场内设遮阴树或遮阳棚，以遮挡夏季强烈的太阳辐射。运动场南侧可种植成行或成簇的大树冠冬季落叶遮阴树。运动场内可设置小土丘等，以满足肉羊的探索和攀爬行为。

二、饲养设备

（一）饲槽

饲槽的设计与羊的行为和福利关系密切，饲槽的结构形式要基本满足羊的采食行为习性，不致影响羊的福利。通常，饲槽形状有利于羊只以自然的姿势进行采食是最基本的福利原则，应保证头有自由活动的空间范围，但也不宜过大。如果空间过大，头则前伸，前蹄进入饲槽，这属于不自然姿势，加之地面较滑，可能会摔倒。另外，饲槽结构必须有一定的深度且内低外高，这样既便于羊的采食，又可防止饲料抛撒浪费。同时，也要考虑饲槽抵抗羊损坏所需的强度。

集约化群饲条件下主要减少优势序列对采食的妨碍。此外，还可以利用群饲社会性促进作用来调动采食积极性。羊的攻击行为是用头部进行的，在饲槽和拴系框上添加栅栏则可以控制其运动范围，节制其攻击行为。若在地面上使用长形饲槽自由采食或饲槽用高隔板分开，则饲料就不能成为争夺的资源，从而减少争斗。图4-7是一种常用的肉羊饲槽。

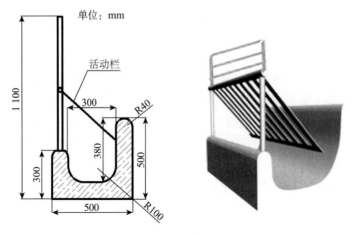

图 4-7　固定式饲槽

　　每只羊在饲槽的采食宽度为：成年母羊 0.35～0.45m，育成羊 0.25～0.3m，种公羊 0.4～0.5m，可在面向饲槽的围栏上设置宽度约 7cm 的活动颈枷，目的是限制强悍的羊在采食时打扰安静、纤弱的羊。另外，为了充分保证羊饲养全过程福利状况不受到危害，可在舍内加装采食限位栏。由于限位过程是短时间的，且饲料把羊的注意力全部吸引过去，限位刺激已经不起实质性作用，也就不会产生福利问题。

（二）草料架

　　羊舍的草料架形式多种多样，一般羊场多采用固定式饲槽（图 4-7）。下面饲喂精料或谷物，活动栏可以作为草料架放置牧草；另外，还有一些活动式的草料架（图 4-8），以便临时放置，提供粗料和精料。活动式草料架有专供喂粗料用的草架，有供喂粗料和精料的两用联合草料架，也有专供喂精料用的料槽。

图 4-8　不同类型的草料架

添设草料架的原则是不使羊只采食时相互干扰，不使羊蹄踏入草料架内，不使架内草料落在羊身上影响羊毛质量。

（三）饮水器

限制肉羊的饮水则导致采食量减少，对其他生理活动也有不良影响。因此，肉羊集约化饲养中多采用自由饮水方式，以满足肉羊的饮水需求。饮水器的设计结构与羊的饮水行为特征或生物学习性有关，羊多采用杯式自动饮水器（图4-9）。肉羊对环境中的新刺激产生较强的好奇及探究，并在对此探究的过程中形成经验，学会正确使用饮水器。羊使用自动饮水器时，通过触压，使水流入下面的饮水杯中。自动饮水器避免羊戏水造成饮水污染，使用该设备解决了传统饮水器水量较为浪费、污水量较大的问题，通过饮水器自动调节控制从而达到节约用水、降低污染水量的目的。但需要注意的是，羊饮水之后，可能很快出现排尿行为，因此饮水器的安装地点也要考虑相关行为。

图4-9　杯式自动饮水器

（四）药浴池

为了预防和治疗疥癣、羊虱等体外寄生虫病，每年要定期给羊群进行药浴。根据药液利用方式，可分为池浴和淋浴两种药浴方式。

1. 药浴池类型　药浴池分为固定式和流动式两种，流动式药浴池又分为小型药浴槽、帆布药浴池和流动药浴车等。羊只数量少，可采用流动药浴。

（1）大型药浴池。可供规模化羊场或养羊较集中的乡村药浴用。药浴池可就地取材，用水泥、砖、碎石等材料砌成狭长而深的长方形水沟（图4-10）。池长10～12m，池深可视饲养羊的品种和体型建为0.8～1.2m，池上口宽0.6～0.8m，池底宽0.4～0.6m，以单只羊能通过而不能转身为宜。药浴池入口处设储羊圈，储羊圈入池口设为斗形，使羊依顺序进入药浴池，避免驱赶使羊受到惊吓拥挤致伤。浴池入口呈陡坡，羊走入时可迅速没入池中，出口有一定倾斜坡度，斜坡上设小台阶或横木条。其作用：一是防止羊滑倒，二是羊在斜坡上停留一些时间，使身上余存的药液流回浴池。出口处设滴流台，以使浴后羊身上多余的药液流回池内，地面为水泥浇筑地面，并在地面做防滑处理，防止因地面积水打滑导致羊摔倒受伤。

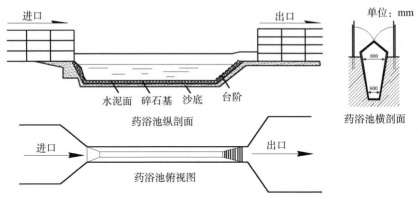

图 4-10　大型药浴池

（2）小型药浴槽（图 4-11）。小型药浴槽药液量约为 1 400L，可同时将 2 只成年羊（或 3～4 只羔羊）一起药浴，并可用门的开闭来调节入浴时间。这种类型适宜小型羊场或家庭式羊场使用。随着肉羊养殖的集约化程度越来越高，规模化养殖场逐步取代家庭式农场，所以小型药浴槽的使用越来越少。

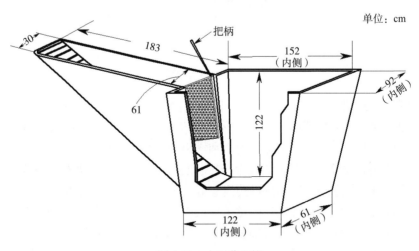

图 4-11　小型药浴槽

（3）帆布药浴池。用防水性能良好的帆布加工制作。药浴池为直角梯形，上边长 3.0m、下边长 2.0m、深 1.2m、宽 0.7m，外侧固定套环，安装前按浴池的大小形状挖一土坑，然后放入帆布药浴池，四边的套环用铁钉固定，加入药液即可进行工作。用后洗净，晒干，以后再用。这种设备体小轻便，可以反复使用。

（4）淋浴房。除了药浴池，目前还有一种新型药浴淋浴房。淋浴房分为3个区域：等待区、冲洗区、晾晒区，区域之间采用栅栏的方式将羊群隔开，从而解决了羊群混乱的问题。羊群在等待区等候，工作人员把栅栏打开，将羊群赶入冲洗区，再将栅栏关闭，羊就可以药浴了。冲洗区采用的是一种双通道淋浴一体式自动药浴设施，将药按照一定的比例放进药池内，再由水泵进行传送，用过的药水再经过地下管道流入药池内再次循环使用。冲洗区的管道分上、下两层，药浴采用上下反复喷洒的方式，确保每只羊都能享受到药浴。最后，羊只经过简单的晾晒，就完成了一次"药浴"任务，既简单又方便。这样循环往复，既节约了传统"药浴"在抓羊、赶羊中所耗费的时间和劳动力，又减少了羊的应激和死亡，保证了羊的福利。

2. 药浴的时间　在有疥癣病发生的地区，对羊只一年可进行2次药浴：一次是治疗性药浴，在春季剪毛后7~10d进行；另一次是预防性药浴，在夏末秋初进行。每一次药浴最好间隔7d重复一次。冬季对发病羊只可选择暖和天气进行擦浴。药浴应选择晴朗、暖和、无风天气、日出后的上午进行，以便药浴后，羊毛能在中午快速干燥。

3. 药浴注意事项

（1）羊群药浴前，应先选用品质较差的3~5只羊试浴。观察一段时间无中毒现象后，才可按计划组织药浴。临药浴前，羊停止放牧和喂料，浴前2h让羊充分饮水，以防止其口渴误饮药液。

（2）药浴顺序为先浴健康羊，后浴病羊，有外伤的羊只暂不药浴。药液应浸满全身，尤其是头部，采用槽浴可用浴杈将羊头部压入药液内2~3次。但需注意羊只不得呛水，以免引起中毒。药浴持续时间：治疗为2~3min，预防为1min。

（3）药浴后在阴凉处休息1~2h，即可放牧。但如遇风雨应及时赶回羊舍，以防感冒。

（4）药浴期间，工作人员应戴口罩和橡皮手套，以防中毒。药浴结束后，药液不能任意倾倒以防牲畜误食中毒。

（5）羊群若有牧羊犬，也应一并药浴。

（五）盐槽

给羊群供给盐和其他矿物质时，如果不在室内或混在饲料中饲喂，为防止在舍外被雨淋潮化，可设一有顶盐槽，供羊随时舔食。

（六）分羊围栏

分羊围栏供羊分群、鉴定、防疫、驱虫、称重、打号等生产技术性活动中用，也可以用活动围栏临时间隔为母仔小圈、中圈等。分羊围栏由许多栅板连接而成，在羊群的入口处为喇叭形，中部为一小通道，可容许羊单行前进。沿通道一侧或两侧，可根据需要设置 3～4 个可以向两边开门的小圈，利用这一设备，就可以把羊分成所需要的若干小群。羊场采用这种方式进行分群，可以大大减轻传统分群方式中因驱赶、抓捕造成的心理恐惧应激反应，从而改善肉羊的福利状况。

第三节　人员操作

在肉羊饲养日常管理过程中，接触羊是经常发生的事情。但是，带有不同情感态度的饲养员或管理人员，其接触羊产生的结果会有很大的不同。羊对非适宜刺激十分敏感，一旦形成记忆会持续很长时间，而羊对非适宜刺激的记忆不需要多次强化，有时一次足以形成记忆。羊只个体一旦对饲养员或管理者产生不良记忆，就会对羊的健康和福利产生持续不利影响，也会给后续生产管理带来极大的麻烦。因此在生产管理中，人员接触和人员操作对肉羊产生很大的影响，在生产管理中尽可能多地增加对动物的有益接触（如轻柔抚摸、轻声说话等），尽可能减少非适宜接触（如粗暴触摸、大声吼叫、抽打等）[12]。所以，良好的人畜关系及规范友好的人员操作对羊场管理十分重要。

在生产实际中，多数福利问题是由于饲养人员和管理人员操作不规范、错误操作或未能及时发现问题进行及时处置而导致问题个体的福利恶化，给生产造成损失。管理者通过理解羊的行为，可确立适宜的管理方案，从而减少环境应激，改善羊的福利。减轻羊的应激，保障适当的活动量也有益于改善生产力。研究表明，应激因素（行为抑制、电刺激和其他的操作应激）可加大动物的心理压力，也可影响其繁殖生理；运输应激可抑制动物的免疫功能，削弱瘤胃功能；人员操作也会造成羊只生理、内分泌和行为的变化。表 4-9 显示了绵羊在经受不同应激前后的心率变化（"＋"代表心率上升的幅度）。

表 4-9　不同处理对绵羊心率反应的影响[13]

处理	心率变化（次/min）
空间隔离	0
站在静止拖车上	0
视觉隔离	＋20
合入新群后 0～30min	＋30
合入新群后 30～120min	＋14
运输	＋14
人员接近	＋45
接近带狗的人	＋79

羊属于肾上腺皮质激素慢性高水平分泌并对人有逃避反应的个体。有人曾经采用生理指标（皮质激素分泌的变化）方法，研究在正常生产管理中人员操作如运输、去势、断尾对羊的福利方面产生的影响及造成不适应的程度等（表 4-10）。

表 4-10　不同畜牧管理措施对绵羊血浆皮质醇浓度峰值的影响[14]

管理措施	皮质醇浓度峰值（$\mu g/L$）
剪毛	131
部分剪毛	79
运输	80
阉割	62
断尾	49
集群	48
监禁	34
腹腔镜检查	22

对绵羊的管理主要有两个目的：一是保持其健康，如免疫、药浴、注射、修蹄和灌药驱虫；二是取得产品，如断奶、分群和剪毛。为获得产品而采取的一些措施因影响到羊的健康和福利越来越受到人们的关注。人员操作引起的应激对羊的生理和生产会产生持续性的影响，而减少应激、改善肉羊福利与生产的目的是一致的。

一、断尾、去势和修蹄

福利改善的方向就是要减少不必要的痛苦与伤害，但也包含着必要的痛苦和伤害。必要的痛苦有两个方面的含义：为了提高动物的适应能力不得已而进行处置（注射、手术等）所相伴的痛苦和从人类角度不得已而为之的痛苦和伤害（切断）。对于前者没有什么好的解决办法，而对于后者就必须谋求尽力加以改善的措施。

羊的阉割、打耳号、断尾和去角等是可以接受的管理手段，但其操作必须由专人执行，尽可能在出生的第一周内进行。去势、断尾、剪耳号、打耳标时注重卫生消毒。剪耳号与打耳标时要避开大血管。羊的去角和阉割应采用无痛技术，最好在出生后 2～3d 内进行，最迟也应在 10d 左右进行。

（一）断尾

羔羊断尾是绵羊饲养管理中的常规程序，母羊长大后易于交配，尤其是引进国内外优良品种改良的杂交羊只，如萨福克×小尾寒羊、道赛特×小尾寒羊、特克萨尔×小尾寒羊、小尾寒羊×滩羊的杂交一代以及杂交二代羊只断尾后，更便于人工授精。对一些脂尾品种的羊来说，断尾可以减少营养供应在尾脂沉积，易于育肥。另外，断尾可以减少绵羊粪便对羊毛的污染，减少苍蝇侵袭，同时也能减少相互咬尾现象的出现[15]。

羔羊断尾的方法主要有：

（1）结扎断尾法（图4-12）。用弹性强的橡皮圈，在第三、第四尾椎骨中间，用手将此处皮肤向尾上端推后，即可用橡皮圈勒紧。羔羊经10d左右的时间，尾部便逐渐萎缩，自然脱落。采用这种方法断尾时，橡皮圈刺激了感受器，会引起潜在的疼痛刺激；橡皮圈阻止了血液流向远端组织，导致了局部缺血。结扎断尾法还涉及羔羊行为活动的明显改变。结扎后约0.5h，羔羊几种不适行为的出现频率开始降低，且不适行为减少同血清可的松水平下降有关，说明羔羊经历的疼痛强度这时已开始降低；结扎后约1h，羔羊仍然有一些行为变化，表现为羔羊起卧减少。这些事实说明，橡皮圈断尾法对羔羊行为活动的影响具有持续性。

结扎断尾法操作简单，不流血、愈合快、效果好，且对羊伤害小，是目前常用的断尾方法。但要注意在尾巴脱落前不要剪割，以防感染破伤风。

结扎断尾

图4-12 羔羊橡皮圈结扎断尾法

（2）快刀断尾法。先用细绳捆紧尾根，断绝血液流通，然后用手术刀或手术剪离尾根4～5cm处切断，用纱布包扎伤口，以免引起感染或冻伤。当天下午将尾根部的细绳解开，使血液流通，一般经7～10d，伤口就会痊愈。

（3）热断法。可用断尾铲或断尾钳进行，在尾根第三、第四尾椎间，把尾巴紧紧地压住，用灼热的断尾铲稍用力下压，切的速度不宜过急。若有出血，可用热铲再烫一下即可，然后用碘酒消毒。

羔羊在2～21日龄均可断尾，初生重大的可在第4d断尾，初生重小的弱羔可以延至第15d以后断尾，一般选择晴天的早上断尾。断尾会引起羔羊巨大的疼痛，在断尾的同时，采用镇痛治疗处理可以有效地减弱羔羊的疼痛，改善其福利状况。橡皮圈结扎断尾后，立即给羔羊服用阿司匹林，可减少羔羊的不适行为，主要是在摇头行为和吃干草行为方面有明显作用。只有同时采用其他的镇痛技术，羔羊的不适行为才能全面减少。如通过尾巴皮下注射进行局部麻醉，可减少或消除羔羊的异常行为，并且抑制断尾后羔羊血液皮质激素水平的上升。采用镇痛技术不仅有利于羔羊断尾后短期内的福利，而且也有助于羔羊从断尾手术中恢复。一般不选择在盛夏时节断尾，容易被苍蝇叮咬感染；冬天断尾时应注意保暖，防止冻伤。

需要注意的是，目前采用的断尾方法都会对羔羊造成一定程度的应激。为了彻底解决断尾给羔羊带来的疼痛，可培育饲养短尾品种绵羊或其杂交后代，或者在肥育羔羊生产中不实施断尾。这样既减少了劳动投入，又避免了羔羊巨大的疼痛，提高了羊的福利水平。

（二）去势

羔羊去势也是绵羊饲养管理中的常规程序。去势小公羊的性情温和，有利于肥育和后续的饲养管理，并能在一定程度上提高肉品质。但目前采用的去势方法都会对羔羊造成一定程度的应激。不当操作会引起羊的惊惧反应，且惊惧反应存在性别差异。阉羊比公羊更容易惊惧；公羊比母羊惊惧程度轻。以雄性激素处理后的母羊惊惧反应降低。对成年公羊和阉羊（3月龄时去势）采用将其与同类分开、惊吓和人工干扰3种处理方法，诱发它们的惊惧反应。随后又用雄性激素对部分羊进行减轻惊惧处理。结果显示，在惊吓试验中，阉羊比公羊明显地表现惊惧；阉羊采食时间比公羊短，来回走动、鸣叫的频率更高；无论是内源还是外源的雄性激素，都会减少惊惧反应。所以，出于福利化考虑，应谨慎对羔羊做去势处理，以降低其惊恐的敏感度。在目前的集约化饲养条件下，去势是可以接受的人为操作，但应由技术娴熟的操作人员进行去势。去势应直割阴囊，以免脓血积留阴囊而发炎，并可在去势后进行药物或激素处理，以减缓其疼痛和惊恐。

（三）修蹄

在现代肉羊饲养管理中，成年母羊或公羊如不及时修蹄，就会导致蹄甲生长过长，影响其行走和奔跑，一旦受损就很容易导致发炎。修蹄可以维持羊肢蹄卫生，减少痛觉，维护康乐，有利于提高生产水平。修蹄的保定架最好为特制可升降、可旋转的电动操作保定架（图4-13）。将羊赶入保定架，然后将羊挤压、抬升并旋转操作台；修蹄完成后，将操作台旋转回原位，然后释放羊只。这种操作台能最大限度地降低修蹄过程中的抓捕和保定对羊造成的应激。要求修蹄操作人员技术熟练，且富有爱心。通过修蹄除去污垢，排除裂缝与裂缝之间的污垢及腐烂细菌，使蹄角外形规整。削皮还可去除被感染的组织，使其暴露于新鲜空气，因有氧而康复。修蹄过程要求不出现任何的出血现象，且先修"净蹄"再修"脏蹄"，注意卫生，避免把腐败菌感染的"脏蹄"传染到"净蹄"。修蹄大剪刀和削皮刀应该放置在10%硫酸锌盐液中。削蹄场打扫干净，设环形路穿过药液池出场。一次削皮完成后应该完全清扫，削下的皮甲应焚烧处理。

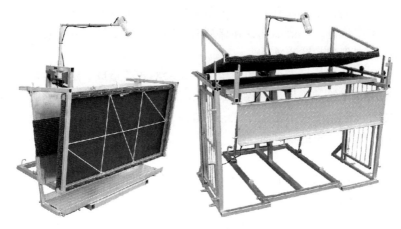

图 4-13　电动操作保定架

二、驱赶

羊的品种、性情及其饲养环境的类型都能影响到其在捕捉期间的行为。饲养在比较开阔或远离人类地区的羊群会有较大的逃逸距离，当饲养人员与其有10m以上的距离时，就可能会恐慌不安。由此引起的问题包括羊群严重不安，有时会对饲养人员构成威胁。饲养在高密度限制环境（坚固混凝土或金属板地面）中的羊群在被单独或成群移送到其他地面的圈舍或陌生圈舍时会难以控制。环境条件的改变或人类的出现都可能会使羊群不安。

为了设计羊场中的捕捉设备，必须了解羊的行为特征。若有足够的机会，绵羊能较容易地熟悉它们所处的环境。然而，如果将羊移送到一陌生区域首次遇到电围栏时，电围栏的存在可能会妨碍羊的移动。羊需要时间去认识围栏，还需要有避开围栏的机会。

不利刺激（如强音）并不能起到集中羊群的目的。无论任何时候干扰音都不应出现在羊群将要集中经过的地方。大声叫喊是一种干扰音，能诱发负面影响，其影响范围可表现为羊群躲避或逃逸。当这种影响被妨碍时，恐慌（一种极端恐惧反应）很容易随之而来。

同样的原理也适用于向屠宰场运输的羊只。操作人员应该在狭窄过道开展工作。这便于羊群的移动，羊群倾向于围着操作人员转圈以保持视觉的联系。这个弯曲通道终止于一个圆形拥挤圈栏，与其相连的是一条单列通道。应该避免明暗的强烈对比。单列通道、限制栏和其他拥挤区域等应该有高且坚固的墙壁，这能够避免羊群看到设施以外的人、运输工具及其他分散的物体。如果空间有限，应用一个紧凑蜿蜒的通道系统便能够获得定向移动的效果。

三、兽医处理

加强饲养管理，保证羊只的健康，预防保健是重要的环节，也是最容易被忽视的环节。要改变以治疗为主的观念，要变被动为主动，积极地做好保健预防工作。但在工作中容易出现以下问题，导致羊只福利水平下降：

1. 免疫失败，导致疾病防控失效　一是初生羔羊没有在规定时间内吮吸足够的初乳，降低了初生羔羊的抗病能力；二是疫苗接种程序错误，达不到预期的预防效果；三是疫苗管理不当，失去防疫作用；四是消毒不严，导致继发感染。

2. 操作失误，引起新的疾病　如母羊分娩通常是不用外界干涉的一种正常生理过程，但是在助产时，由于值班人员过分急躁，或业务不精、操作粗鲁，不但可使产道感染细菌，也可导致母羊产道暂时性或永久性损伤，引起生殖器官疾病，造成暂时性或永久性不孕。

3. 兽医服务过程操作不当，引起应激　在生产管理中，抓捕、保定、采血、注射疫苗、用药等均会造成应激。兽医临床发现，羔羊比成年羊更易产生应激反应。其中不乏一些典型的案例，如实验羊因为采血等临床操作引起应激，造成急性应激性心衰和休克现象；而群体的免疫注射常常造成羊群的惊恐和烦躁不安，直接影响采食和生产性能。

四、运输

羊的运输及运输前后的捕捉、装载、卸载严重影响动物福利。羊只从畜牧场到屠宰场可能需要经过多次运输。根据英国肉类和家畜委员会的数据，英国有65%的绵羊运输至少要经过一家活畜交易市场，当绵羊从农场直接运往屠宰场时，平均运输时间为1.1h，其中很少超过5h。但羊需经过一家活畜交易市场时，平均运输时间为7.8h，其中1/3以上运输时间超过10h[16]。

羊的运输的第一阶段是选择需要运输的羊只，并检查羊只以判断其是否适合运输。受伤或生病的羊只不适宜运输，当它们的健康状态高于法律规定的最低标准时，才适合运输。

运输前需要做好准备，这种准备取决于品种和运输距离。对于较短距离的运输，准备工作包括羊群集中前的禁食和为了保护羊群健康状态而对被选羊只的可能移动。对于较长距离的运输，要为羊只提供必要的干净饮水、充足的干草和精料，以备运输途中饲喂。这对运输前2~3d从不同场区或不同羊舍集中起来的羊只是非常有利的。

羊只随后必须装载到运输工具上，运输工具可能是汽车、火车或轮船。在运输期间，羊只从装载应激中逐渐放松并恢复过来。运输期间的舒适度取决于运输工具的设计、驾驶技术和路况。在运输期间，装载和卸载都将会增加应激程度和受伤风险，而且还有疾病传播的风险。运输工具必须保证羊只能在上面休息、饮水和采食。

羊只被卸载到屠宰场，在被屠宰前可能会有一个圈养期。这个过程需要提供良好的圈舍和设备，并提供充足的干净饮水和饲料。假如羊只在屠宰前没有被圈养或者圈养期非常短，就会导致较差的福利。

（一）运输工具

一些最简单的运输工具是利用普通农用运输车改装而成，所有侧面都设有开放的栅栏。这种运输车能够在炎热的夏季提供良好的通风，但因没有遮阳、挡雨设施，所以无法阻挡热辐射和雨淋；在冬季，这种运输车也因没有合理的保温挡风设施，导致较差的运输福利。所以，除了最差的运输工具，所有运输工具都应该提供一些遮阳避雨设施，阻挡夏季强烈的热辐射，防止雨淋。现代化的肉羊运输工具是专门设计的多层（一般为 2 层或 3 层）运输卡车（图 4-14）。这些专业运输工具的顶部密封，以遮阳挡雨；侧面有设计良好的、可打开的通风区域。甚至一些运输工具侧壁装有用来通风换气的风扇（图 4-15），以保证长途运输或炎热夏季运输途中运输舱内空气清新冷却，并及时排出舱内的有害气体，以保证良好的运输福利。

图 4-14　不同的农场动物运输车

由于运输期间运输工具内的物理条件能够影响羊只的应激程度，选择适当的运输工具对于肉羊福利非常重要，装载和卸载装置的设计也同样重要。简单的运输工具配有装卸坡道（图 4-16），坡道设计简单，脱离运输设备且可移动，

图 4-15　侧壁装有风扇的运输车

设计宽度仅容一只羊通过，防止驱赶拥挤所导致的体表损伤。一些运输工具经过改装后具有良好设计的斜坡台（图 4-14），而另一些在后挡板或底板上安装有液压升降系统（图 4-17）。不管是斜坡台还是液压升降系统，都设计为与运输工具一体。这样不仅方便装载羊只，也方便卸载羊只。无论哪种装卸斜坡台，都不应太陡，否则会造成所有被装载羊只低劣的福利。

图 4-16　移动式装卸斜坡台

运输期间动物供给的空间大小是影响动物福利的最重要因素之一。通常情况下，空间供给量越低，单位运输成本越低。因为只要可能，任何特定大小的运输工具都能装载更多的羊只。空间供给量包括两个部分：一是羊只能用来站立或躺下的地面区域；二是装载动物的厢体高度。对于多层的陆地运输工具，这一点格外重要。这是因为运输工具有实际限高，要使它们能够在桥下通过。因此在商业压力下，两层之间垂直距离（层高）和羊只头部上方的空间就会缩减。这种缩减可能会对装载羊群的厢体内的充分通风造成不利影响。

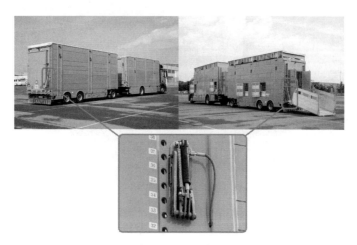

图 4-17 安装有液压升降系统的运输车

绝对的最小空间供给量是由羊只的个体大小决定的。然而，可接受的最小供给量也取决于其他的因素，包括：①羊进行有效体温调节的能力；②周围的条件，特别是环境温度；③如果羊只希望躺下，那么它们是否有足够的空间。如果条件允许，绵羊会在运输工具上 2~4h 后躺下。在任何情况下，如果羊群被打扰或是运输工具拐弯和急刹车造成移动的幅度过大，或者没有足够的空间安全躺卧时，羊只会保持站立。

羊是否愿意卧下可能取决于运输工具、运输距离和驾驶技术，以及与路面质量有关的车辆悬挂性能。当羊站在运输舱时，四肢站在身体下方正常区域以外的姿势能够帮助它们保持平衡。如果在某一特定方位受到加速度的影响，它们也要采取四肢在正常区域以外的姿势。因此，它们比静止站立时需要更大的空间。

当在移动的运输工具上采取这种姿势并作出这些移动时，绵羊作出最大努力不去接触其他动物或运输工具的侧壁。在车开得好的情况下，空间供给量越多，动物福利越好。然而，如果驾驶技术很差，在拐弯处行驶过快成急刹车，而使羊只进行大幅侧向移动，那么羊只装载略拥挤一些会使它们受到更少的伤害。最好的操作方法是良好的驾驶技术，并且给予羊只适当的空间而让它们采用站立或躺下的姿势，这个姿势对它们产生的应激最小。

(二) 混群

如果来自不同群体的羊在运输前、运输期间或待宰圈舍内与陌生羊群混在一起，惊恐或打斗行为的风险会增高。与惊恐、打斗或爬跨有关的糖原消耗通常会导致较差的肉品质，造成体表损伤（如擦伤），并且还会导致差的福利。可以通过把羊只与群体中的熟悉个体饲养在一起来解决，而不是把它们与陌生个体混在一起。在运输开始前，人们必须决定羊的运输密度和分群及分布。

装载期间人们可能会对羊进行拴系，但是在运输工具移动时不应拴系。因为长绳会导致纠缠在一起的风险较高，而短绳会导致羊颈部被吊住的风险较高。所以，在行驶中的运输工具上拴系会出现非常大的问题。

（三）装载与卸载

装载和卸载是运输中应激最大的环节。装载时会发生象征应激的生理改变，并且会在运输开始后持续几个小时。然后，随着羊只习惯了运输，应激反应会逐渐消失。因此，在提供了良好运输条件且运输时间和距离不会延长的前提下，由运输导致的主要福利问题来自装载和卸载。

装载可能对肉羊福利产生重大影响的原因是，氧在非常短的时间内要经受几种应激源的共同冲击。首先，羊在移上运输工具时被迫的躯体运动、被迫攀爬陡峭坡道时，体力消耗特别大；其次，移至未知环境的陌生感会导致心理应激，并且装载需要非常接近人类，这会导致不习惯与人类接触的羊只产生恐惧；最后，装载时，粗鲁地对待羊只，甚至有的工作人员可能殴打羊只。例如，用棍棒击打或刺戳——特别是刺戳敏感的区域，如眼睛、嘴、肛门与生殖器的区域或腹部，或用羊毛状物捕捉绵羊，这些都会造成羊只疼痛。使用电动刺棒同样会对羊只造成巨大的疼痛和伤害。

捕捉和运输对血浆皮质酮、血浆葡萄糖和下丘脑去甲肾上腺素有显著影响。葡萄糖的合成随皮质酮的分泌而增加，但是增加不多，因为葡萄糖在运输期间消耗殆尽。

光线均匀、弯度较缓的通道更便于羊只移动。防滑地板和良好排水系统对于防止积水也非常重要。动物倾向于略微向上行走而不是向下，因此地板应是平的或向上倾斜。另外，装卸斜坡台的坡度是一个重要方面，坡道不应太陡，且不应太光滑。

（四）运输期间的温度和其他自然状况

极端温度会导致运输羊只非常差的福利，暴露于低温环境中会对羔羊产生严重影响。然而，过高的温度往往是导致福利差的更普遍原因。特别是羔羊更容易受到高温的伤害，因为羔羊的体温调节系统尚不完善，体温调节能力较差。运输途中如果温度达到或超过一定限制时必须降低运输密度；否则，将存在高死亡率和福利差的巨大风险。

运输途中的休息对于羊只非常重要，特别是在高温季节的长途运输，更应该在运输途中休息。运输途中消耗的能量比平常多，因其在途中羊只必须保持一定姿势或必须进行长时间或间歇性的肾上腺反应以调动能量储备，这就导致了能量的大量消耗。辨别羊只在运输期间疲劳程度的一种方法是，观察它们在运输后想要休息这种意愿的强烈程度；另一种方法是对任何紧急反应或其应对病原侵袭能力的不良影响的评估。

（五）运输期间的进食和饮水

绵羊在运输途中通常不进食。然而，绵羊禁食 12h 后的进食意愿非常强烈。至于饮水匮乏，绵羊看起来能相对很好地适应干渴，因为它们还能排出干燥的粪便和浓缩的尿液。另外，它们的瘤胃能够对脱水起缓冲作用。饮水匮乏的影响很大程度上取决于周围的温度。例如，当环境温度不超过 20℃ 时，羊在长达 24h 的运输中没有出现脱水的迹象。然而，当在运输途中大部分时间里环境温度超过 20℃ 时，便有明显的脱水症状。如果考虑在运输期间安排休息期来避免饲料和饮水缺乏带来的影响，必须考虑以下几点因素[16]：

首先，要保证足够的休息时间。休息期过短（如 1h）是不够的，甚至可能对福利产生不利影响。绵羊在禁食禁水 14h 后，在第 1h 内的进食量和饮水量一般较低且不平衡。绵羊长距离运输后的恢复要经过 3 个阶段，通常在运输后经过 24h 才会从短期应激和脱水中恢复过来。

其次，即使是在长期缺水之后，绵羊也不会轻易从不熟悉的水源饮水。因此，如果休息时间较短，绵羊也不会去饮水。而且，采食会导致体内更加缺水，特别是采食浓缩料。综合而言，要想获得任何真正的、较好的福利，绵羊运输后至少需要进栏休息 8h。

再次，休息期内的采食可能会导致个体间的竞争，强壮的个体可能会把弱小的个体阻止在外。因此，休息期间的进食和饮水的空间要足够大，以使所有的羊只能同时接触饲料和饮水。建议每只绵羊的料槽采食宽度为 $0.112W^{0.33}$ m（W 为绵羊体重），这意味着 20kg 体重的绵羊需要的料槽长度为 30cm，30kg 体重的绵羊需要的料槽长度约为 34cm[16]。

最后，绵羊在圈栏中会不情愿进食，特别是对新饲料感觉陌生的成年羊。尽管绵羊禁食 14h 后吃的干草很少，人们仍旧认为干草是最广泛的可接受的饲料形式。

负责运输的人员要作出一个与休息期有关的重要决定，即在运输工具上提供饲料和饮水还是在卸载之后。饲喂绵羊及给予其饮水在正常的商业装载时可能较难实现，主要是因为使所有动物同时接触到饲料和饮水非常困难。但是，卸载羊只时又会产生许多问题，包括增加躯体损伤和疾病传播的风险，以及装载和卸载是运输中最大的应激来源这一事实。所以，需要负责人员综合考虑，以决定是在运输工具上提供饮水和饲料还是将羊群卸载到围栏中进行补饲和补水。

（六）运输的持续时间

对于所有动物，被装载到运输工具上是运输过程中一个特别紧张的过程，除了那些习惯于运输的动物。然而，随着运输的继续，运输时间对福利的影响越来越大。运往屠宰场的肉羊不会像赛马那样给予足够的空间和舒适的环境。因此，它们会更紧张，比未被运输的羊只消耗更多能量。结果是它们会更疲乏，需要更多的饲料和饮水，受到更多不利环境的影响，有时长距离运输比短途运输暴露于病原体的可能性更大，也更容易感染疾病。

除了种用羊需要活体进出口，商品肉羊一般不需要长途运输，而是选择较近距离的屠宰场就近屠宰。但仍有一些农场通过收购羔羊进行育肥，所以长途运输仍是需要考虑的重要因素。在运输期间，由于羔羊来自不同地区、不同牧场以及包含不同品种羔羊混群于同一运输舱内，羔羊面临多种应激源，且舱内不能有效进食和饮水。因此，肉羊运输福利较差，且死亡率随运输时间的延长而增加。

当人类乘坐运输工具时，人们通常会坐在椅子上或抓住一些固定装置。靠四肢站立的羊更难以应对转弯或急刹车时产生的加速度。羊通常会努力在运输工具上站稳，以使自己摔倒的概率降到最小，同时也避免与其他个体接触。它们不会倚靠其他个体，并且移动幅度太大或运输密度太高都会对它们造成严重干扰。运输绵羊的运输工具行驶在蜿蜒曲折的道路上时，绵羊的血浆皮质醇浓度比行驶在笔直道路上时高得多。此外，发现羊的摔倒次数、挫伤程度、皮质醇和肌酸激酶浓度随运输密度升高而上升。所以，运输时间越长，肉羊应激和受伤的可能性就越大，福利也就越差。

（七）运输、疾病和福利

肉羊运输会导致疾病发病率增加，并通过多种方式导致更差的福利。这种方式可以是运输羊只的组织损伤和机能失常、病理学影响（由已存在的病原体引起，否则不会发生）、病原体在运输动物之间传播引发的疾病，以及病原体由运输羊只向非运输羊只传播引发的疾病。暴露于病原体并不一定导致羊只感染和疾病发生。影响这一过程的因素包括传播病原体的毒力和剂量、感染途径和暴露羊只的免疫抵抗状况。

运输与某些疾病的关系通常涉及多种病原菌和病毒，包括沙门氏菌、巴氏杆菌、多核体病毒、副流感病毒、传染性气管炎病毒、疱疹病毒以及一系列与胃肠疾病有关的病原体（如轮状病毒）。

致病性病原体的传播始于从感染宿主口鼻部的液体、呼出的悬浮颗粒、排出的粪便或其他分泌物或排泄物中散布病原。不同传染性病原的排出途径各不相同。与运输相关的应激能够增加病原排出量和排出持续时间，同时也会降低运输羊只的抵抗力，从而增加了感染性。运输羊只病原体的排出导致了运输工具和其他相关设施及区域受到污染，如在聚集地和交易市场受到污染。这可能会导致间接传播和二次传播。病原对不利环境条件的耐受力越强，通过间接机制传播的风险越大。如果运输应激程度降到最低，那么疾病及由此带来的低劣福利都能避免或减少。

(八) 运输人员与福利

运输起点牧场负责人应负责适合运输羊只的选择，驾驶员（运输负责人）应该有能力评估羊只福利状况，或是至少能辨别运输途中羊只是否受伤、死亡或有明显的疾病。驾驶人员或运输负责人必须在运输期间定期对运输羊只实施检查，并在可能对动物造成影响的任何情形下，如运输工具过度使用阶段、可能过热的阶段、道路颠簸阶段或出现交通事故之后，对运输羊只实施检查。定期检查的间隔时间与法律规定的驾驶员休息间隔相一致。

对于绵羊的运输，运输羊只在不卸载情况下的检查可能无法进行接触性诊断，应结合视诊、听诊和嗅诊，以判别羊只有无问题。必须确保看到每一个个体，因此运输工具的设计、群体分布和运输密度都必须允许作上述检查。如果羊只个体不能被检查到或看到，那就可能涉及运输工具设计不合理、运输密度过大等问题，不适合长距离运输，也会导致较差的福利。

兽医是判断羊只是否适合运输的唯一人员。欧洲兽医联盟关于活体动物运输的意见书提供了在哪些情况下动物适合运输的标准，即认定动物是否可以运输的情况。基本上，在妊娠期最后 10％ 时间中的动物、在运输前 2d 内分娩的动物和肚脐尚未完全愈合的幼仔等均不适于运输。同样，这一标准也适合羊的运输。另外，一般认为，由于严重疾病或损伤而不能独立走上运输工具的动物在几乎所有情况下都不适于运输。

如果发现患病、受伤或死亡的羊只，那么责任人需要明确下一步操作处理。记录包括所有生病、受伤或死亡的羊只个体情况及运输中的任何处置措施。如果在运输中发现羊只生病或受伤，有时需要在运输工具上进行紧急的人道屠宰。因此，运输工具负责人有必要携带人道屠宰用设备并接受过设备使用方面的培训。当受伤或患病的个体不能继续完成运输时，如它已不能独立站起或大面积体表受伤而无法治疗时，应该在合适的地点卸载或屠宰。如果怀疑存在任何重要传染病，那么就要通知经过区域和所在区域的防疫部门。

五、佩戴耳标

动物标识及可追溯体系是以动物编号为轴心，将动物从生产到屠宰经历的防疫、检疫、监督工作联系起来，利用现代科技手段把生产管理和防疫监督数据汇总到数据中心，从而实现动物数据网上记录。这对加强动物疫病防控、维护公共卫生安全、提高畜产品质量安全水平和国际竞争力有十分重要的意义。

作为可追溯体系建设中重要的环节，如何有效地对畜禽进行标识成为关键。我国目前通常采用二维码耳标进行肉羊个体标识，但在耳标佩戴操作过程中存在着动物福利隐患。因此，肉羊养殖场应对耳标佩戴问题加以关注。在动物福利方面，人们采取的改善措施主要在饲料、养殖设备、圈舍环境、运输、屠宰等方面，对于耳标佩戴等环节关注较少，但耳标佩戴过程应激大、后续问题多。耳标佩戴的质量不仅关系到饲养、转群、配种、选育等环节，更直接关系肉羊健康，从肉羊福利角度出发，在实际生产中，应当在以下几个方面引起重视[17]：

（一）耳标佩戴不及时

我国《畜禽标识和养殖档案管理办法》（中华人民共和国农业部第 67 号令）规定："新出生畜禽，在出生后 30d 内加施畜禽标识；30d 内离开饲养地的，在离开饲养地前加施畜禽标识。"[18] 由于对耳标佩戴的认识不够、技术条件不成熟等原因，很多养殖场（户）并未及时佩戴耳标。随着羊的生长，耳部神经逐渐丰富，后期佩戴耳标不仅对羊只造成极大的应激，还会由于羊只力量增强难以保定而出现以下状况：

1. 保定时羊只惨叫，对圈舍其他羊只产生不良影响。

2. 打耳标瞬间羊只应激大，造成头部挣脱保定，耳标固定不良，后期容易脱落，由于耳标钳还未及时弹出，易造成耳朵撕裂，引发耳郭软骨坏死等病症。

（二）耳标佩戴时操作不当

佩戴耳标时操作不当，打到血管处或由于耳朵撕裂引起出血，后期未进行细心护理，加之潮湿、淋雨、蚊虫叮咬等引发感染，给羊只造成很大影响。

（三）耳标佩戴时消毒不严格

佩戴耳标前应对耳标、耳标钳、耳朵进行严格消毒，但实际操作中多数工作人员未进行消毒或消毒不严格，造成个别羊只发生破伤风等人为感染，甚至人为的疫情扩散。

针对上述存在的问题，在实际工作中应当加强对养殖场工作人员进行相关培训，掌握耳标佩戴的基本知识和技能，减轻羊只因佩戴耳标造成的应激和损伤。

本章参考文献

[1] 柴同杰. 动物保护及福利 [M]. 北京：中国农业出版社，2008.

[2] 黄昌澍. 家畜气候学 [M]. 南京：江苏科学技术出版社，1989.

[3] 安立龙. 家畜环境卫生学 [M]. 北京：高等教育出版社，2004.

[4] 刘彦. 有机牛羊肉生产 [M]. 北京：科学技术文献出版社，2006.

[5] 颜培实，李如治. 家畜环境卫生学 [M]. 第 4 版. 北京：高等教育出版社，2011.

[6] 吴鹏鸣. 环境检测原理与应用 [M]. 北京：化学工业出版社，1991.

［7］魏荣，葛林，李卫华，等．家畜行为与福利［M］．第 4 版．北京：中国农业出版社，2015.

［8］Fraser A F. Ethology of farm animals［M］. Amsterdam：Ethology of Farm Animals，1985.

［9］包军．家畜行为学［M］．北京：高等教育出版社，2008.

［10］刘继军，贾永全．畜牧场规划设计［M］．北京：中国农业出版社，2008.

［11］赵有璋．羊生产学［M］．第 2 版．北京：中国农业出版社，2002.

［12］卢庆萍，张宏福．动物应激生物学［M］．北京：中国农业出版社，2005.

［13］Baldock N M，Sibly R M. Effects of handling and transportation on the heart rate and behaviour of sheep［J］. Applied Animal Behaviour Science，1990，28（1）：15-39.

［14］Gregory N G，Grandin T. Animal welfare and meat science［M］. Wallingford：CABI Publishing，1998.

［15］顾宪红，时建忠．动物福利与肉类生产［M］．第 2 版．北京：中国农业出版社，2008.

［16］Ferguson D. Advances in sheep welfare［M］. Cambridge：Woodhead Publishing，2017.

［17］郑灿财，黄艳玲．从动物福利角度看耳标佩戴中的问题及建议［J］．黑龙江畜牧兽医，2015（4）：61-62.

第五章

肉羊福利技术

第一节　繁殖与福利

羊的繁殖性能不仅受遗传基因的控制，而且受日粮水平、饲养管理方式和生存环境等外在因素的影响。在养羊生产中，福利水平的高低与羊的繁殖性能具有重要的关联。合理的营养供给和良好的饲养管理环境，公母羊的繁殖性能能够得到正常发挥；而营养缺乏、环境条件差和心理应激等低福利情况常常会引起公母羊繁殖行为下降的情况，低福利往往会伴随着低产羔率、低妊娠率、高死胎率和高羔羊死亡率。因此，群体繁殖效率的高低可以用来作为评估养羊福利水平的一个重要指标[1]。

一、福利水平对肉羊繁殖性能的影响

（一）环境福利

肉羊的繁殖机能与环境因素有着密切的联系，光照、温度以及湿度等变化都可能导致公母羊出现繁殖障碍。在各种环境因素中，温度对羊的繁殖性能影响最大，羊是恒温动物，一般认为，羊的最适温度是 $10\sim25℃$[2]，由于皮毛的限制，羊主要是通过非蒸发散射的方式进行散热，即呼吸道的蒸发散热来降低体温，如果羊的生活环境具有较大的温度波动，则会使其出现冷应激或者热应激情况。在高温环境下，羊通过提高呼吸频率来进一步增加散热，然而加快呼吸速度本身又需要更多的能量产生更多的热量，羊的散热能力下降，就会出现食欲不振、精神萎靡、采食量减少甚至停食，严重时会中暑死亡[3]。当温度过低时，羊体的热能散失增加，羊需要消耗自身更多的能量来维持自身的体温及正常的新陈代谢需要，此时机体的同化作用加强，异化作用减弱。冷热应激的刺激会引发羊机体产生的一系列生理生化指标的变化，改变机体激素水平，进而直接导致母羊发生排卵障碍、不发情、受胎率低、胎儿发育不良、泌乳少，公羊出现性欲减退、精液品质下降等繁殖力下降的现象[1]。

（二）饲养管理福利

饲养管理是否科学合理很大程度上影响羊的膘情和健康状况，在其妊娠期，如果无法对足够的营养进行摄入，则将出现胚胎发育不良的情况。这样产下的羔羊会出现免疫力低下以及体重偏轻等情况，同时更容易患病。另外，营养摄入不足还会影响母羊产后的正常发情和公羊的配种能力[1]。除此之外，做好羊以及羊圈的定期清洁也十分关键，如果无法及时做好清洁工作，则会在滋生病菌以及寄生虫的情况下影响其繁殖。粪尿在舍内停留时间过长易发酵产生氨气、二氧化碳和硫化氢等，高浓度的氨气会引起羊只咳嗽，甚至引发肺部疾病，导致羊繁殖性能下降。

（三）营养福利

在羊的不同生理阶段，其对具体营养也有不同的需求。而繁殖功能在具体营养条件方面的要求十分严格，如果在生长过程中存在营养缺乏的情况，将会影响到其繁殖力。在营养物质存在摄入过量、比例失调以及摄入不足等情况时，则可能导致母羊延迟初情期、降低排卵率和受胎率、引起胚胎或胎儿死亡、产后乏情期延长、公羊性欲不强等问题的发生，且较高营养水平也有可能使公母羊发生繁殖性障碍，如在母羊存在膘情过肥情况时，卵巢周边位置因存在过多的脂肪，进而导致不孕、配种以及乏情等问题，也会影响到妊娠母羊胎儿的成活率[4]。

二、提高能繁母羊福利水平的措施

无论是从生物学还是生产的角度看，母羊最主要的作用就是繁衍后代，而养羊生产的收益就是来自于出栏羔羊。因此，提高能繁母羊的繁殖力是增加经济效益的关键。但一只母羊一年平均只产 1～2 个羔羊，且从妊娠、哺乳至羔羊断奶这一系列繁殖活动，母羊的生理消耗乃至心理付出是巨大的。由于有如此巨大的"投入"，母羊的繁殖行为对营养、环境的反应就变得尤其敏感，在营养条件差、环境压力过大或者是剧烈应激等情况下，母羊在生理上会表现为低排卵率、发情延迟，甚至出现繁殖行为暂停的情况[1]。

（一）改善饲养环境

在养羊生产中，要因地制宜，提供适宜的饲养和环境设施，提高能繁母羊的环境福利。羊舍尽可能地选择在周边噪声少、地势较高、干燥、通风良好、光照充足的地方，以保持羊舍的空气新鲜，提高羊的舒适度。同时，要合理控制羊群饲养密度，一般一只能繁母羊 $1.5 m^2$ 左右，并在圈舍外部预留足够的活动场，保证整个养殖区域冬暖夏凉。冬季做好养殖舍的防寒保暖工作，夏季做好通风排湿工作。另外，还要保持圈舍的环境卫生，每天都要清扫，勤换垫草垫料。

（二）加强饲养管理

在肉羊饲养过程中，要提供足够的草架、料槽及水槽，保障羊群基本的饮食。并注意不要给羊群吃冰冻、霉变饲料，不饮冰碴水，防止羊群受惊吓，减少紧追急赶，出入圈时严防拥挤，给羊群建立良好的生产、生活条件，减少羊群的应激，提高饲养质量。建立科学合理的消毒防疫制度，定期做好羊舍地面污水、皮毛以及日常饲养管理用具的消毒处理，一般应每周进行一次羊舍消毒处理，而每年在春、秋两个季节要做好2次彻底的消毒处理，有效降低母羊的疾病感染率，实现正常的繁殖生育目标，不断提升母羊的繁殖率。

（三）合理搭配日粮

在母羊的不同生理阶段，其对具体营养也有不同的需求。其中，繁殖功能在具体营养条件方面的要求十分严格，如果在生长过程中存在营养缺乏的情况，将会影响到其繁殖功能。在营养物质存在摄入过量、比例失调以及摄入不足等情况时，则可能导致延迟初情期、降低排卵率和受胎率、引起胚胎或胎儿死亡、产后乏情期延长等问题的发生，且较高营养水平也有可能使母羊发生繁殖性障碍。

根据母羊繁殖生理特征，可将能繁母羊生殖阶段细分为空怀期、妊娠期、哺乳期，母羊在不同的繁殖阶段对日粮和饲养的需求是不一样的，需要根据不同的繁殖时期有针对性地对能繁母羊进行饲养管理，合理地配制各阶段日粮。

空怀期：空怀期母羊对饲养的需求较低，一般不需要补饲，在配种前30～45d，其日粮供给略高于维持日常需要的饲养水平即可。但要注意的是，后备青年母羊在发情配种前由于仍处于生长发育的阶段，需要供给较多的营养；对于泌乳力高或带双羔的母羊，由于在哺乳期的营养消耗大，须加强补饲恢复母羊的膘情和体况，以尽快进入下一繁殖周期。

妊娠期：母羊妊娠期大约5个月，可分为妊娠前期和妊娠后期2个阶段。妊娠前3个月为妊娠前期，该时期胎儿增重较缓慢，对营养需求量不是很大，饲养标准与空怀期基本相同。该时期主要注意要防止发生早期流产，重点做好保胎工作。妊娠后期是胎儿生长发育的关键时期，胎儿生长迅速，胎儿增重的80％～90％是在此阶段完成的。因此，这一阶段需要给母羊提供营养充足、全价的饲料。后期主要注意防止母羊因意外伤害发生早产。期间，严禁饲喂霉变、冰冻饲料，严禁空腹饮水，严禁饮用温度较低的水源。此外，怀孕期最好不要注射防疫疫苗。

哺乳期：产后母羊体质虚弱、消化机能较差，头几天需要补充易消化的优质干草、饮喂温水、盐水。哺乳期重点在于保证母羊有足够的乳汁。在传统养羊生产中，羔羊的哺乳期为3～4个月，可分为哺乳前期和哺乳后期2个阶段。前2个月为哺乳前期，该阶段母乳是羔羊能量的主要来源。母乳量多、充足，则羔羊生长发育快，体质好，抗病力强，存活率就高；反之，对羔羊的生长发育不利。因此，必须加强哺乳前期母羊的饲养管理，促进其泌乳。补饲量应根据母乳情况及哺乳的羔羊数而定。一般哺乳母羊每天需补混合精料500g、苜蓿干草3kg、胡萝卜1.5kg。冬季尤其要注意补充胡萝卜等多汁饲料，确保乳汁充足。哺乳后期，母羊泌乳能力逐渐下降，并且羔羊能自己采食饲草和精料，不依赖母乳生存，补饲标准可降低些，一般精料可减至0.3～0.45kg、干草1～2kg、胡萝卜1kg。青贮饲料和多汁饲料有催奶作用，但不要给的过早、太多，以防消化不良或发生乳房炎。要定期抽检哺乳期母羊乳房发育情况，发现有乳房发炎、乳孔堵塞等情况，要及时诊治，避免恶化[5]。

三、加强种公羊福利要点

保证种公羊具有旺盛的性欲和生产高品质的精液，是提高羊群的生产性能和精液品质的关键。影响公羊繁殖力的因素是多方面的，除了种公羊本身性情和遗传因素外，合理的饲养、舒适的环境是确保种公羊具有良好的体况和良好的交配能力的重要保障[1]。

(一)提供舒适的圈舍环境

舒适的环境，是种公羊保持旺盛的性欲、生产高品质精液、保证羊全年均衡生产的重要保障。羊舍尽可能地选择在周边噪声少、地势较高、干燥、通风良好、光照充足的地方，羊舍要有充足的垫草垫料。且羊舍要冬暖夏凉，冬季应能防寒保暖，夏季应能防暑降温。特别要防止高温引起的热应激。

(二)制定合理的管理制度

1. 实行单圈饲养 公羊和母羊长期饲养在一起，会使公羊性欲减退，影响配种能力。公羊生性好斗，在配种期间性情暴躁，单圈饲养可防止角斗与伤亡事故的发生。要合理控制羊群饲养密度，一般一只种公羊2.5m²左右，并在圈舍外部预留足够的活动场。

2. 适当加强运动 羊是一种生性好动的动物，从散养过渡到圈养，羊只的饲养密度变大，待在圈舍内的时间变长，在其活动量大幅降低的情况下，给其健康带来了严重的威胁[6]。适度的运动可促进公羊的食欲和消化机能，增强体质，避免肥胖，提高配种能力。因此，在非配种期和配种准备期要加强运动，配种期应适度运动，每天要采取不同运动方法，坚持定时、定距离、定速度，一般每天要有4～6h的运动时间。

3. 做好种公羊的卫生保健和防疫工作 做好种公羊的保健工作，创造健康舒适的环境、科学的饲养管理、定期健康检查与检疫、做好疾病的预防和早期诊治、每日清圈和垫圈、每周进行1次药物消毒、圈口设消毒池，这些工作在日常管理中都不容忽视。保证精液品质良好，需要减少垂直传播疾病，在采精、授精、胚胎移植时，建立消毒、隔离、无菌操作的卫生制度，减少环境病原微生物的污染。这是提高种公羊利用率的重要环节。

（三）保证供给充足的营养

充足的日粮是公羊保持体质结实、精力充沛、性欲旺盛、精液品质好、配种效率高的基本保障，但一定要注意营养搭配、供给合理。蛋白质是精子产生的物质基础，供给不足会影响公羊的精子数量和质量，甚至造成性欲低下。同时，要注意饲料中矿物质应全面，尤其是钙磷的比例要平衡，保持在（1.5～2）：1。维生素对精液的品质影响很大，特别是脂溶性维生素。因此，应适当饲喂青绿多汁饲料。微量元素在日粮中所占比例虽小，但作用不可忽视，越来越多的微量元素被证实与动物的繁殖性能有关。微量元素对繁殖机能的影响，主要是通过引起内分泌系统激素分泌失调、酶活性降低以及生殖器官的组织结构变化而导致繁殖力的下降。如硒、锌、碘、镁等不足都会影响公羊生殖器官的发育和精子的产生，但过多会造成机体中毒、损害生殖器官，从而降低其繁殖力。总之，要获得数量多和高质量的精液，饲料要多样化，达到营养互补，保证供给公羊充足均衡的营养。

配种期的饲喂：种公羊的饲料体积要小，且多样化，饲料体积过大会形成草腹，严重影响采精与配种，每天粗饲料的采食量一般占体重的1.5%～3%。注意补饲富含粗蛋白、维生素和矿物质的混合精料与青干草。干草以豆科青干草与禾本科青干草为佳。公羊的补饲量应根据公羊的体重、膘情与采精次数来确定。注意公羊不易营养过剩，造成躯体过肥，反而性欲下降。

非配种期的饲喂：在配种期快结束时，应逐渐减少精料的补饲量，以放牧为主，使公羊保持中等膘情、肥瘦适中。

（四）合理使用种公羊

在配种季节，配种初期每周配种1次，以后逐渐增加，到配种高峰期时每天1～2次，成年公羊每天可达到3～4次，但配种间隔时间至少为2h，使公羊有时间休息。配种频率要根据种公羊体况和饲养管理水平确定，配种次数过多，不但会降低精液质量，而且损害生殖机能，从而使公羊的健康受到严重影响。应该特别注意的是，不能用激素激发公羊的性欲，使其多产生精液。这样不但达不到预期目的，而且长期使用激素会对公羊生殖器官和机体造成严重损害[7]。

四、繁育技术与羊的福利

在养殖业提倡善待动物，关注动物福利，为动物创造一个良好的生存、生活环境，与促进畜牧业健康生产、可持续良性发展并不矛盾，应该是相辅相成、相得益彰的。繁殖是动物的自然生理需求，遵循动物的天性是动物福利所倡导的。在提倡和实施肉羊福利养殖的同时，还要考虑到肉羊作为"农场动物"的经济属性，农场动物福利主要就是针对集约化生产中出现的问题而提出的。20世纪中叶以来，农场动物的生产方式发生了根本性的改变，现代的工厂化、集约化生产方式取代了传统的粗放式生产[8]，人工输精、同期发情、胚胎移植等现代繁育技术手段应用于肉羊的生产中，大大提高了公母羊的繁殖效率，降低了养殖成本，提高了养殖的效益。繁育技术作为肉羊集约化生产的有力手段应用于肉羊高效生产中是无可避免的，那么，在应用繁育技术提高生产效益的同时如何充分考虑肉羊的福利状况，最大化地降低繁育技术对羊所造成的伤害就显得尤为重要。

（一）制定具有福利标准的技术操作规程

开展繁育技术操作，主要是进行抓捕、注射、手术等行为对羊造成的应激伤害，以及注射激素对羊只机体生理造成的影响。在充分考虑肉羊福利的前提下，制定物福利标准的设施装备及福利繁育技术操作规程，对于改善肉羊繁育技术操作所带来的应激具有重要的作用。首先在其抓捕保定设施上应充分考虑减少抓捕追逐引起的恐惧，并可通过弯道设计、遮挡设计尽量避免后面等待羊只看到操作过程产生的恐惧应激。需要进行手术操作的必须进行麻醉处理，降低疼痛应激。使用激素处理的羊在开展完相应处理操作后，应及时给予相应的抑制激素处理，以尽快恢复机体正常生理激素水平，防止激素紊乱引起繁殖机能受损。所有经过技术处理的羊只都要有专门人员进行后期的观察，并在饲喂和管理上给予特殊照顾，让其得到充分的营养和休息，有一个平稳的过渡期。

（二）技术操作要有专门技术人员

在欧美国家，动物的人工输精、胚胎移植一系列繁育技术的实施和操作，必须是由具有专业资格证的人员开展。专业人员操作大大降低了繁育技术对肉羊带来的技术风险，也由于技术人员熟练技术规程，将技术操作时间有效地控制在合理范围内，从而降低了肉羊的应激时间及应激程度，保障了技术操作的成功率，也进一步减少了羊只再次接受繁育技术操作的概率。

（三）注重繁育伦理

在开展人工输精、胚胎移植操作中，要及时查验公母羊家系系谱信息，制订配种计划，避免近亲交配。同时，做好配种记录和出生羔羊系谱登记，建立系谱档案。对于多余的胚胎要进行冷冻保存，不可随意丢弃。

第二节　营养与福利

营养因素可能对肉羊的福利产生非常重要的影响。由于瘤胃微生物的发酵作用，羊具有较强的利用劣质粗饲料能力。因此，土壤贫瘠或者气候恶劣以致饲草产量较低、品质较差的地区也常是肉羊的放牧区域。但相比集约化、精细化管理的畜牧饲养场，这些放牧肉羊一方面时常会发生营养摄入不足或营养摄入不均衡现象，另一方面采食毒性植物或毒素污染的植物的风险很大。气候异常会导致食物和饮水供给不足。此外，偏远地区放牧的肉羊常常需要数天的长途运输才能到达屠宰场，期间采食饮水也会受到限制。这时人们关注的不仅是肉羊的福利问题，还有某些诱发人畜共患病的微生物在瘤胃内寄居的风险大小，因为屠宰后该类微生物可能会引起人体疾病的感染。肉羊体内毒素的吸收是否会潜在地引起人体内毒素的积累是人们越来越关注的问题。目前，肉羊自身严重的福利问题也越来越引起人们的重视。

一、短期禁食禁水对肉羊的影响

（一）禁食禁水对体重的影响

禁食禁水对肉羊最明显的影响是减重。一般情况下，初始 24h 减重最快，接着的 36h 或更长时间内继续减重，但速度变慢。减轻的重量中大约 80% 是水分，其余的是排泄粪便中的有机物、粪尿中的矿物质和呼出的二氧化碳、甲烷等气体。除体重减轻以外，瘤、网胃重量同样会发生变化，也是在最初 24h 减重最快，减轻的重量主要是水分和细微颗粒物质。但是，随后减失的饲料微粒的重量很快会被流入的唾液所抵消[9]。

（二）禁食禁水对新陈代谢和生理机能的影响

禁食禁水影响肉羊瘤胃及瘤胃微生物（包括抑制引起胃肠感染的微生物）、组织代谢、体内平衡的维持以及与肉质嫩度有关的肌肉变化体系。

禁食禁水对瘤胃及瘤胃微生物的影响依赖于瘤胃初始内容物的重量和组成。瘤胃内容物的重量（RD）与动物去除瘤胃内容物后的体重（RFW）的比值，即 RD/RFW（g/kg）的范围为 100～300，容易消化的饲料比值较低，成熟的难消化的饲料比值较高。

禁食禁水使肉羊不能摄入营养物质，由于低分子碳水化合物在瘤胃内发酵分解最快，因此这可能对发酵低分子碳水化合物的细菌产生最直接的影响。瘤胃微生物可能是反刍动物抵抗疾病的第一道防线，不但能够防御植物毒素的侵袭，而且还能抵抗肠道有害细菌如产气荚膜杆菌、沙门氏菌属及埃希氏菌属大肠杆菌等的侵入[10]。当禁食引起采食量减少或者采食终止时，该防御功能将会失去作用。当饲料恢复正常供应时，肉羊采食量却可能数日都恢复不到禁食前的水平。

禁食禁水和运输应激产生的后果明显受肉羊和羔羊生理状态以及性情的影响。禁食禁水不仅消耗肉羊体内储存的矿物质和肌糖原，而且还降低瘤胃微生物的发酵能力。其影响程度和重新开始采食饮水后恢复的速度主要依赖于饲粮的特性。因此，禁食禁水的影响也依赖于瘤胃内容物的数量和组成。由于运输应激反应释放的皮质醇抑制了下丘脑产生的口渴信号[11]，因此，运输过后的肉羊尽管发生轻微脱水，但一般都要在采食后才可能感到口渴。为将禁食禁水和运输应激对肉羊和羔羊产生的影响降到最低，禁食禁水前的饲养管理还需要进行更深入的研究。

二、能量和蛋白质长期供给不足对肉羊的影响

（一）营养物质长期供给不足的肉羊的觅食

反刍动物能够将富含纤维素的劣质蛋白质饲料转化为能量和优质动物蛋白质。与其他反刍动物一样，肉羊在长期采食营养物质含量较低的饲料时也能够维持生存，这完全依赖于选择性地摄取食物，而这就需要大面积区域的觅食。正常情况下，肉羊每天大约采食 10h，分为 4～7 个不同时间段。同时，每天的反刍时间大约需要 8h。对于野外放牧的肉羊，当饲草质量或可采食的饲草数量降低时，其食草时间可能还要延长。同样，如果仅能采食到不易消化的饲草，反刍时间也有可能延长。放牧草场中，肉羊往往采食最易消化的作物或饲草，不喜欢采食较粗糙的、难消化的植物部分，牧场往往会存有大量肉羊拒绝采食的食物。这就会发生肉羊每日的采食和营养供给不足，饲养者却错误地认为食物还非常充裕的现象。而且，即使食物充裕，肉羊口腔损伤和疼痛或者食道阻塞也可能引起采食受限。其他影响因素如寄生虫病，也抑制肉羊对营养物质的吸收利用。圈舍内或小牧场的不科学饲养也可能引起营养不足以及肉羊自然采食行为的限制，而这也将对肉羊的福利产生危害。

（二）营养物质长期供给不足状态下的新陈代谢

动物营养物质摄入不足时的新陈代谢决定于初始状态、营养缺乏的严重程度和持续时间。因此，肉羊营养缺乏时的新陈代谢很难完全准确地表达出来。长期严重的营养缺乏将会引起动物很大的应激和不可逆的代谢损伤，为适当限制利用体内储存的营养物质，学会从营养长期严重供给不足的动物中正确辨别处于分解代谢机能状态下的个体非常重要。

健康的反刍动物从合成代谢转变为分解代谢时，脂肪组织中能量的转化将引起非酯化脂肪酸（NEFA）和 β-羟基丁酸（BHB）浓度的增加。而且，血浆白蛋白、总蛋白和尿素氮浓度的降低也表明了短期内蛋白质代谢的负平衡。通常情况下，一个简单的血样就可以检测到这些代谢物的浓度变化，并且该方法经常用于估测高产奶牛的代谢状态。但是，当其用于长期营养供给不足的肉羊和牛时就可能出现错误。只有动用体组织时，血浆 NEFA 和其他组织异化作用产生的代谢物浓度才会升高。当动物营养物质的摄入受到较长时间的限制时，体内储备的营养物质就会被动用，这时体组织的营养物质储备将会受到抑

制。肉羊的脂肪组织每日按照一定的节律分泌释放一种被称为"瘦素"的内分泌肽，当脂肪含量降低时，血浆瘦素水平也将降低。血浆瘦素水平能够调节身体状况较差时的公羊和母羊的繁殖性能。然而，除脂肪含量降低的影响外，其他一些因素也会使血浆瘦素水平下降。例如，不论身体状况如何，动物哺乳期的血浆瘦素水平都较低。动物哺乳期瘦素分泌的抑制可能由脂肪的分解作用引起，但是目前还没有实验证实。哺乳期早期受到抑制的原因可能是由于较高的采食量（瘦素能够抑制食欲）所致，但是动物哺乳期瘦素分泌受到抑制的机理目前仍不清楚。

肌氨酸酐大多来源于肌肉组织的代谢，血浆肌氨酸酐浓度的降低表明动物体肌肉组织体积的减少。当体组织储备的糖原、脂肪和肌肉蛋白消耗殆尽时，动物为维持生命将动用骨髓。但是，这个代谢过程是不可逆的，是动物即将饿死的先兆。

三、放牧羊饲粮成分的毒性

（一）影响肉羊植物性饲料毒性的因素

植物性饲料的毒性大小主要受采食数量、到达瘤胃的方式、瘤胃内释放的速率、微生物代谢的程度以及消化道吸收和肝脏或肾脏解毒的速率等因素的影响。肉羊摄入适量的尿素可以为瘤胃微生物提供氮源，但摄入过多容易引起氨中毒而导致死亡。因此，肉羊利用尿素的能力就可以反映上述过程的影响。饲喂肉羊干草和糖浆，干草中添加 100g 尿素，均匀分布于 1d 的饲料中逐渐采食。结果发现，瘤胃 pH 维持在 6.5～7，氨的水平保持在 750mg/L 以内。相反，当把 25g 尿素溶于水中灌服到瘤胃内时，氨的水平增加到 1 140mg/L，pH 达到 7.9。较高的氨浓度和较高的瘤胃 pH 会增加瘤胃壁对氨的吸收速率。同时，碱性瘤胃 pH 会降低挥发性脂肪酸的吸收速率，引起肝脏可利用能量减少，从而降低了对氨的解毒能力。

（二）饲草中的毒性物质

饲草中的有毒有害物质较多，这里只重点讨论影响肉羊饲草中的氰化物、氟乙酸盐、硝酸盐、单宁酸和酚醛塑料、生物碱以及真菌代谢物毒性等因素。

1. 氰化物 氰化物以生氰配糖的形式存在于植物体内，并且随着生氰配糖在瘤胃内的水解而释放。某些芥属类植物常含有氰化物，动物食入后需要服用硫代硫酸盐，以便提供充足的硫化物将其转化成硫氰酸盐进行解毒。未解毒的剩余氰化物的数量由配糖摄入和水解的速率与氰化物转化为硫氰酸盐的速率的比值决定。如果大量的剩余氰化物被肝门静脉血液吸收，血红蛋白就将转化为氰基血红蛋白，这对肉羊将是致命的。氰化物转化为硫氰酸盐能够使肉羊免于氰化物中毒，但同时产生的过量硫氰酸盐则可能危害胎儿的甲状腺。

2. 氟乙酸盐 氟乙酸盐的毒性最初是在南非的毒叶木中发现的，以后逐渐在很多植物中都发现了这种有毒物质，如紫龙骨豆属和尖瓣豆属植物以及某些阿拉伯树胶。瘤胃吸收后，氟乙酸盐能够把组织细胞中的柠檬酸盐转化为氟代柠檬酸盐，从而抑制参与葡萄糖代谢的三羧酸循环进程。饲喂小麦草时，每天缓慢灌服瘤胃 2mg 氟乙酸盐，肉羊在 14～18d 内都没有食欲。但是，当干草中添加 100g 麦麸或用苜蓿草替代小麦草时，该现象就没有发生。然而，当直接灌服到饲喂苜蓿草的肉羊皱胃时，肉羊发生死亡现象。这表明高营养日粮对肉羊的有益影响可能是通过瘤胃微生物起作用，而不是通过组织代谢。有报道认为，氟乙酸盐毒性发作快，瘤胃微生物的解毒作用并不能保证肉羊存活，但是人们预期，氟乙酸盐的解毒将来仍可能更多地依赖于基因改变的瘤胃细菌。当肌肉组织代谢增强时，氟乙酸盐的毒性将加重。因此，羊在富含氟乙酸盐植物的地区放牧时应当适当减少运动。

3. 硝酸盐 绿色植物通常都含有浓度较低的硝酸盐，但当土壤追施氮肥时，硝酸盐浓度增加。阴冷天气不利于植物蛋白质的合成，硝酸盐浓度往往也将累积变高。同时，该气候条件也可能降低植物细胞内可溶性碳水化合物的含量，从而降低了瘤胃微生物所需要的可利用能量，使硝酸盐中的氮不能经过微生物代谢转化为微生物蛋白质。硝酸盐在瘤胃内首先转化成亚硝酸盐，然后再转化为氨。亚硝酸盐很容易被肝门静脉血液吸收，将血红蛋白转化为高铁血红蛋白。肉羊很多中毒现象都由硝酸盐引起。然而，采食球茎藨草后死亡的一些肉羊，体内并没有发现高铁血红蛋白。于是，人们研究发现了致使肉羊中毒的其他几种物质。

4. 单宁酸 单宁酸是由很多不同大小分子构成的酚类物质，可分为水解性和难水解性两类。在澳大利亚的黄槐和印度尼西亚的毛野牡丹等植物中发现的水解性单宁酸的毒性与瘤胃中释放的单酚类物质的毒性是一致的，水解性单宁酸对蛋白质消化的抑制作用可能是在过瘤胃以后的消化过程中发生的。酚类物质（包括从构成植物纤维成分的木质素中释放的酚类物质）在肝脏或肾脏中通过与甘氨酸结合形成马尿酸随尿排出而解毒。因此，饲喂低蛋白日粮的羊，由于甘氨酸的酚类物质解毒作用而显著降低了氮的利用效率。难水解性单宁酸广泛分布于栎树、阿拉伯树胶和多种牧草等植物中，采食后在瘤胃内能够与饲料蛋白质结合，使其难以被微生物降解。研究发现，难水解性单宁酸也能够降低瘤胃内容物中蛋白分解菌的数量，但过瘤胃微生物蛋白的数量并没有受到影响。单宁酸与日粮蛋白质的结合对动物营养的危害程度，取决于该结合在皱胃酸性条件下是否可逆，是否可以使蛋白质在小肠内分解产生氨基酸。凝缩类单宁酸使山羊体内甲烷排放降低和肉羊肠道寄生虫减少，这种作用对动物大有裨益。如果单宁酸与蛋白质的结合位点是相对分子质量大约为 4 000 的聚乙烯乙二醇，那么凝缩类单宁酸的这种效应就可能降低[12]。

5. 异黄酮　三叶草属植物中发现两类具有雌激素特性的异黄酮。例如，地三叶含有 5-羟基异黄酮，包括鹰嘴豆素 A 和金雀黄素；而红三叶含有 5-脱氧异黄酮芒柄花黄素。金雀黄素对几内亚猪具有雌激素效应，而芒柄花黄素则无此效应。肉羊恰恰相反。鹰嘴豆素 A 在瘤胃内经脱甲基作用生成金雀黄素，然后转化为 p-乙基苯酚而失去雌激素效应。但芒柄花黄素经脱甲基作用生成二羟基异黄酮，最终又转化为雌马酚，而雌马酚具有很强的雌激素效应。因此，瘤胃微生物一方面能够解毒而保护宿主，另一方面也可能产生毒素而危害宿主。然而，瘤胃微生物降解金雀黄素毒性的作用不是瞬间完成的，而是需要持续 4～5d，期间三叶草仍然具有雌激素效应。这表明正常情况下瘤胃微生物能够解毒，但是可能需要数天的培育、扩大数量后，才能够完全降解宿主每天摄入的大量毒素。

6. 生物碱　生物碱主要危害肝脏，但其他器官也时常发生相关中毒症状。有些生物碱，如吡咯双烷类生物碱，是植物第二大化学成分，在包括天芥菜属天芥菜和蓝蓟属车前叶蓝蓟等各类植物中广泛存在。最近，更多真菌类生物碱的作用逐渐被人们所熟知，其中包括禾草内生真菌感染黑麦草和高羊茅后产生的能够引发动物震颤的生物碱。

疯草中毒曾在我国以及中美洲、南美洲发生。引起中毒的化学成分是内生真菌感染的黄芪属和棘豆属疯草内的苦马豆生物碱。苦马豆生物碱能够使溶酶体和糖蛋白的代谢发生异常。疯草中毒潜伏期较长，一般在食草动物采食疯草相当长的时间后才发病。临床症状常有神经系统的精神错乱迹象，主要表现为步履蹒跚、肌肉震颤、共济失调和神经质，在动物突然惊醒的时候表现尤为强烈。

寄生于腐殖质的真菌也能够引起肉羊生物碱中毒。典型的例子是羽扇豆残茬腐生物半壳孢样拟茎点霉产生的拟茎点霉毒素和牧草腐生物纸样皮氏霉产生的葚孢菌素。二者对肝脏功能的损伤引发了很多间接危害，广为人知的是光过敏和慢性铜中毒。叶绿素在动物体内转化为叶赤素，正常情况下由消化道转运，然后再经胆囊重返小肠内。但肝脏受损后，叶赤素和胆汁酸将进入外周血液循环系统而诱发黄疸，使动物光过敏，临床上表现为暴露在阳光下的皮肤结痂疼痛，称为面部湿疹。羊食入天芥菜属和蓝蓟属植物后，时常发生慢性铜中毒。当肉羊肝脏合成硫代钼酸铜的功能丧失时，过剩的铜不能通过胆酸转运，那么铜蓄积到一定程度就会引起肝脏和肾脏的中毒。由于食入的大量毒性饲草对肝脏的损伤发生较早，有的很可能在中毒症状出现 6～12 个月之前就已经开始，因此，临床上准确诊断慢性铜中毒的原因非常困难。

（三）饲草毒性的控制

有时，肉羊瘤胃不含有降解代谢某些毒素的适宜微生物，但如果时间充裕，瘤胃内常常能够培育出降解代谢植物毒素的微生物。例如，研究发现，饲喂少量的蓝蓟属植物生物碱能够引起瘤胃较高的生物碱降解率。然而，对硝酸盐和氰化物等毒性扩散迅速的毒素，不宜采取这种措施。同样，对含有 5-脱氧异黄酮毒素的植物也是如此，因为微生物常迅速将 5-脱氧异黄酮转化为雌激素样作用的雌马酚。当羊在干旱季节到达陌生环境，采食自身并不熟悉的饲草时常发生中毒现象。生产实践中，加强动物饲养管理，逐渐减少有毒植物的采食量或使有毒物质能够被更多营养丰富的饲草所稀释，可能是行之有效的控制饲料毒性的方法。

（四）牧草和放牧羊的管理

随着对羊饲草中毒原因了解的不断深入，为最大限度地减轻危害，人们对牧草和放牧羊的管理方法有了很大的改善和提高。低毒的栽培品种或去除掉内生真菌的种子代替现有的牧草植物已经取得了很大进展。抗毒性强的成年阉割公羊替换易中毒的繁殖母羊和羔羊是牧场常见的放牧改进方法。其他常用的方法还包括减少食草量，逐渐增加对可能含有毒素的牧草的采食时间以及在气候条件适于腐生真菌生长时将放牧畜群迁移，有时甚至要将全部畜群都从本地区赶走。这可能适用于毒叶木植物。例如，在干旱季节末期，一阵小雨过后，这种植物就在根部发出绿色的嫩芽，有时这些嫩芽就是放牧羊能够采食的唯一饲料。在极端情况下，要尽最大努力采用机械或化学的方法对这些有毒植物的生长进行控制，或者通过释放食草昆虫限制车前叶蓝蓟的生长。由于新品种种子的发芽生长必须与土壤中大量存在的已有饲草品种的种子竞争，因此，牧场饲草品种构成的改变需要花费很长时间。为使肉羊损失降到最低，生产企业获得更高经济效益，动植物资源的管理今后仍将面临很大挑战。

（五）金属元素的毒性

由于意外或人为因素引起的土壤金属元素含量过高时，生长的牧草可能对肉羊有毒害作用。在此主要讨论人们最为关注的两种金属元素——镉和铅。

1. 镉　镉是目前人们对其在动植物体内的功能尚不甚了解的极少数金属元素之一，是广泛存在于某些锌矿石、污水淤泥和磷酸盐化学肥料中的一种天然污染物。当放牧草地经常施以磷酸盐化学肥料时，牧草中的镉不断积累，就有可能达到动物中毒的水平。欧盟规定，放牧草地镉的浓度不能超过百万分之一。但是，在经常施以化学肥料的草地，镉的浓度常常超过这个标准。

镉的另一个重要来源是工业废水。电镀和电池生产过程中产生含镉的废水，排到小河和溪流后形成毒性沉淀物，从而引起肉羊食草的两岸和处于食物链始端的微生物受到镉的污染。为避免该形式的污染，工业化国家常常要限制排出废水中镉的浓度。在污染源附近的局部地区，尤其是矿石加工处，像肉羊等家畜可以忍受牧草中 5mg/kg 的镉浓度，但肉羊的精料混合料中不能含有镉。

镉对动物的毒害作用发生在细胞内，主要危害细胞的呼吸细胞器——线粒体。因此，镉毒害最严重的身体部位是睾丸和肾脏等血液流动较为迅速的器官。镉在线粒体内的解毒是通过溶酶体系统的隔离完成的，当该过程受到抑制时，细胞的呼吸作用将受到损害。由于食物最易受到镉的污染，因此，镉主要是通过动物的胃肠道进入体内。目前，影响镉体内吸收的原因尚不甚清楚，但是与有机物质的结合将促进其吸收。微生物对镉吸收的影响尚不为人所知，但反刍动物可能受其严重影响。

动物的肝脏、小肠和其他很多组织器官能够产生金属硫蛋白，镉一旦进入血液循环系统就将迅速被其隔离，直到超过这些组织器官的吸收能力，镉才会迁移外出。在哺乳动物体内，镉的半衰期很长，也许能够达到 30 年。所以，相对于摄入的数量，大多数肉羊排泄出的镉只占很少一部分。因此，长期以来，人们主要关注于测定动物处理镉毒性的能力。镉从血液循环中迁移出来后的主要受体器官是肝脏，当超过肝脏的吸收能力时，镉又重新返回到血液循环中，然后在肾脏近端的细管中滤出。该处细胞的线粒体此时将受到镉的侵袭，当超越溶酶体系统的解毒能力时，细胞的呼吸作用变弱。

目前，长期摄入镉对放牧羊危害的研究报道很少。当牧草中镉的含量较高时，肉羊食草量降低。这表明，反刍动物放牧时能够识别并尽可能避免采食含镉的牧草。另有研究报道，饲喂青年公羊较高水平的镉（60mg/kg），虽然对其繁殖性能没有影响，但是通过电射精法收集的精子密度却很低。在土壤淤泥得到改良的牧场进行放牧的公羊，镉在体组织内有不断积累的趋势，并且睾丸增大，但精液品质并未发现受到影响。有报道指出，镉的摄入还减少了肉羊的反刍时间（食草时间的延长必然发生这一现象）和裂唇嗅反应的次数，裂唇嗅反应次数的减少可能与睾酮水平下降有关。肉羊食入镉后，性欲降低，争斗行为减少，睾酮水平下降。其原因可能在于锌的供给不足。

2. 铅 铅是畜牧场内常见的引起肉羊中毒的金属元素。道路两边土壤中的铅几乎不能被植物利用，即使肉羊食入少量的铅，在体内也吸收很少，仅 1%～2%[13]。然而，在铅污染地区道路附近采食的肉羊，由于食入污染的土壤和吸入散发出的气体，血液中铅的浓度却能够持续升高几个月的时间。铅在肉羊体内吸收后常常汇聚于大脑、肾脏、脾脏和骨骼等器官。肾脏内积聚将引起肉羊中毒性肾损害，常表现为嗜睡、厌食和腹痛等症状，严重时还发生腹泻。慢性铅中毒常常伴随着贫血症的出现。

（六）肉羊福利饲养过程中毒素剂量控制

毒性物质对肉羊生理、行为和代谢会产生不利的影响。因此，严格限制肉羊饲养过程中毒性物质的采食量尤为重要。众所周知的安全方法是建立一个"察觉不到有害影响的水平"。在这个公认的水平，即处于显现中毒迹象的种群和健康良好的种群之间，毒性物质产生毒害的概率或程度无论是统计学意义还是生物学意义都没有显著的增加。该水平毒素可能会产生某些影响，但人们认为这些影响无害，并且也不是产生毒害的先兆。建立"察觉不到有害影响的水平"之后，种群中个体的保护涉及累积的不确定因子的建立，如个体间（×10）的差异和亚慢性（非慢性）表现的差异（×3），亚慢性差异是所谓"察觉到有害影响的最低水平"，而不是"察觉不到有害影响的水平"（×10）。这些因子可以求和得出累积的不确定因子。

仔细观察思考肉羊对外界危害产生的反应非常重要。有些生理反应可能危及肉羊的福利，但也许是暂时的。行为反应可能表明肉羊在努力弥补某些缺陷，如通过扩大采食范围等[14]。又如，在臭气环境中，肉羊能够以咳嗽、流泪等形式表现感觉反应。

第三节　生产管理与福利

在世界各地肉羊生产中，主要使用的3种生产系统分别是粗放式生产系统、集约化生产系统和传统放牧生产系统。在粗放式生产系统中，肉羊能最大限度地表现自然行为。引起肉羊福利水平降低的因素主要包括早期断奶、根据年龄和性别隔离饲养以及饲养人员对其造成的压力与反感。在一些国家，集约化养殖已经出现了全室内饲养系统，并且不再保留哺乳期。在这些系统中，动物福利的挑战来自于羔羊的早期断奶，母羊、饲养人员的互动所引起的应激以及潜在增加的疾病风险。传统放牧条件下的肉羊被认为是一个宝贵的资源，这个系统的一个主要特征是肉羊和牧羊人之间亲密接触，因为肉羊白天放牧、晚上圈养，牧羊人居住地一般就是肉羊主要的住所。然而，这种传统放牧系统存在着气候、牧草的可用性和疾病风险的不可预测。这些对于肉羊和牧羊人来说，存在产生灾难性福利问题的可能性。假如资源充足，随着肉羊对饲养系统的适应，所有的系统都有能力为本系统内的肉羊提供好的福利。

一、粗放式生产系统

粗放式生产系统在肉羊生产国家比较常见，从小群围栏放牧的洼地饲养系统到无围栏的大群牧场放牧管理系统均有。由于羊群的大小和当地饲养规范的不同，肉羊与牧羊人的比率及具体的管理实践也会不同。在此生产系统中，常见的与肉羊福利有关的因素如下：

（一）死亡率

1. 初生羔羊死亡率 初生羔羊死亡率是粗放式生产系统长久以来关注的问题，不同国家、不同区域，羔羊群死亡率从 20% 到 72% 不等。一项以 45 000 多只母羊为基础的研究统计表明，有 22.1% 母羊在分娩时未能照顾好羔羊。对来自 55 个羊群的 25 000 多只母羊的研究，发现 11.4% 的母羊未能抚养好羔羊。通过腹腔镜检查成年美利奴母羊，发现其产羔潜能是 135 只羔羊/百只母羊，从出生到 6 周龄，被标记的羔羊损失率为 24.5%。最后，研究测量了 55 000 多只母羊子宫内胎儿数量，结论是平均商品羊群的产羔羊潜能是 121 只羔羊/百只母羊（包括 25% 的初产母羊）。通过比较，每百只母羊中被标记的羔羊数为 80 只，这说明 1/3 的羔羊在标记之前就死在子宫内。自然灾害也是导致羔羊死亡的一个重要原因，其中一种灾难是发生在夏季的持续强降雨。这种死亡率的范围是 5.75%～90.3%，但这种灾害相对罕见。

2. 成年羊死亡率 一份种羊场的数据报道，2 岁和 5 岁的肉羊死亡率分别从 0% 增加到 9%，12 岁的肉羊增加到 90%。在一个实验羊群，超过 7 岁的羊，母羊在 1.5～7.3 岁每年平均死亡率为 2.2%，而在 8.5～19.5 岁死亡率为 5.4%。在 8 年里，遇到干旱年，6.5 岁时母羊平均死亡率为 3.8%，7.5 岁时平均死亡率超过 10%，而 10.5 岁时平均死亡率上升到 46%。成年羊的平均死亡率为 5%～6%。

如同多数传统放牧的粗放型羊群，肉羊尤其是羔羊，有时会暴露在极端气候、体温过低和可能被捕食环境下。另外，在难产、不认羔和有疾病时，它们几乎得不到任何帮助，尽管这些情况出现的频率并不高。但是，也有管理者携带病菌在动物间传播的情况。同时，肉羊也能够表现出更自然的行为模式，减少了因人工放牧引发的问题，如远离出生地、母仔联系被破坏、分娩过程延长。说明这种把人工放牧干预最少化的方法提高了具有独立性状的动物福利。

（二）母羊营养

山区牧草的营养价值和补饲水平都较低。这种情况下，怀孕母羊的营养状况往往不佳，母羊和羔羊可能有较高水平的死亡率或者较差的福利水平。通过改进管理策略可以减少这些福利问题的发生。在小范围内改善牧草营养的丘陵系统中，资源管理至关重要。如果在交配之前一段时间内饲喂牧草，可为母羊配种提供更好的营养，从而在怀孕期，受胎率和羔羊的出生率随着较好的营养状况显著增加。在母羊怀孕中期，羔羊生长最快，此时对母羊补充营养可以有效提高羔羊的出生体重和存活率，但在母羊怀孕最后的 6～8 周进行补饲往往作为重要的饲养目标。另外，妊娠超声扫描的发展对于怀孕母羊的营养有重大影响，这样可以使牧民为怀有双胞胎的母羊提供更好的营养。可让这些母羊在低海拔地区产羔，羔羊也能随着母羊在改良牧场上进行放牧，结果是增加了羔羊的断奶重，也能使母羊更有效地保持和恢复身体状态。在产羔时，需要进一步改善的管理涉及把产羔困难的母羊（如初产母羊、老年母羊）隔离开，以便为它们提供更好的营养和监护。

（三）载畜量与环境问题

半野生山丘草场有大量可利用的不同种的植被，肉羊对植被的消化率、生产率以及利用率取决于多种因素，并且每年都有不同。因此，承载容量的计算和对于这些牧场上放养密度的要求，通常需要评估前一年的生产成绩来对新的羊群调整。虽然维持载畜量和羊的数量某种程度的平衡可能需要一段时间或者数年，但当羊的数量与现有可利用的牧草不平衡时会导致其营养不良。在特定的地区，食草动物的数量也受到生态与环境的限制。由于某种环境压力，需大范围减少羊的放牧密度，这涉及羊群大小的缩减，有助于解决肉羊的福利问题。

（四）居住场所及其处理

在粗放式生产系统中，羊大部分时间在牧场上是缺乏充分管理的。当羊从牧场转移到检查设备处时，需要的设施为围栏、竞技场和棚圈，以便使羊群逐渐靠近、限制行动而便于单个检查。然而，这些设施未必考虑到肉羊的福利，这些问题是所有肉羊生产系统所共有的。粗放式管理的肉羊很少有与人类互动的经历或者近距离接触人类，在聚集和处理上，相比那些具有与人类互动经历的动物，粗放式生产系统的动物经受更大的应激，从而容易由于人为原因导致受伤或死亡。

粗放管理的羔羊比相同品种集约化管理的羔羊心率高，表明对于粗放管理的羔羊来说，由于缺乏与人类接触的经验而具有较强的应激性。通过比较皮质醇水平发现，圈养在庭院中的肉羊比在牧场上的肉羊有中等程度的应激。然而，当有狗存在或有狗叫声时，肉羊的血浆皮质醇、促肾上腺皮质激素和心率会升高。这些指标要高于突然出现人类和噪声时的数值。狗的剧烈运动也减少年轻母羊的排卵，并且狗的入侵行为（如撕咬）引起肉羊血浆皮质醇升高。在这种情况下，肉羊产生的应激比洗澡或者90min卡车运输带来的应激还要高。因此，对于松散管理的肉羊来说，某些处理尤其是狗的干扰也许是一个潜在的应激源。在处理肉羊时，狗的训练和脾性以及管理人员都是要考虑的因素，在粗糙地面上的移动速度、炎热的天气和处理设施的设计上都可以帮助减少在处理肉羊时的福利问题。此外，这些因素也有助于使处理过程更加有效，降低操作者带来的应激，从而使人与羊的关系和谐。

二、集约化生产系统

羊很少像猪和家禽一样被饲养于专门的集约化、标准化管理系统中。肉用羔羊会短期在集约化育肥系统中分组圈养，但不会受到像集约化养殖蛋鸡和母猪那样的身体限制。集约化肉羊生产系统主要是为了加强监督和便于管理，但羊的集约化生产系统一般用在奶羊生产中。

（一）繁殖和羔羊管理

作为季节性繁殖的动物，母羊可繁殖一年两胎或者两年三胎。集约化生产系统往往应用于加速产羔的管理体制，以提高经济效益。传统上，肉羊畜牧系统包括哺乳期和干乳期。在一些系统中，可能存在中间期，即哺乳期和繁殖期同时发生。不同品种羊的哺乳期平均为 25～90d。通常情况下，羔羊要么跟着母羊至少 25d，要么在出生时就离开母羊，但在分娩后的 5～20d 要避免母仔分离。在德国、英国、澳大利亚、以色列等集约化程度较高的国家，哺乳期被取消，羔羊出生后立即与母羊分开以便于育肥。在这些系统中，羔羊要么人工饲养，要么采取寄养。

通过缩短哺乳期至 1 个月来增加产羔频率是畜群管理技术方面的一个重要改进，其缩短了繁殖间隔、限制了羔羊吃奶和缩短哺乳期的做法已经演变成一种哺乳与育肥的混合系统。这个混合系统中羔羊出生就断奶，既保持了较高的母羊繁殖力，又促进了羔羊的生长。该系统的一个重要优点是可以减少断奶应激。从福利和生产的观点看，这种减少应激是非常重要的。

（二）生产和遗传选择

在整个哺乳期的数据（如集约化生产系统中无哺乳期）表明，分娩后 4～7d 母羊产奶量达到顶点，然后逐渐下降。在加速产羔系统中，产羔间隔变化范围为 270～330d[15]。尽管母羊平均寿命是 6.4 年，但个别母羊一生可能有 10 次哺乳期。

在集约化生产系统中，母羊配种后，平均在 10～14 月龄时产羔。而在传统的系统中，母羊在 22 月龄时才第一次产羔。初产年龄和第一个哺乳期的总产奶量呈正相关。其他影响母羊繁殖和生产的因素包括窝产仔数、季节、营养和管理。窝产仔数多的母羊成活率一般低于每窝只产一只羔羊的母羊。热负荷和日照长度的季节性变化都能影响母羊生产，在高温时，热负荷的影响可能是热应激或者二次高温造成采食量的减少。此外，气候、环境温度的季节性变化和在牧场管理中的母羊可食用的牧草也影响生产。尽管牧场管理系统的母羊产后恢复更迅速，并且有一个较短的产羔间隔，但是它们的生产还是比圈养母羊低 30%。

增加肉羊生产能力的遗传选择对肉羊的繁殖功能有不利影响。在生产和耐热性之间还有一个显著的遗传负相关，表明高产肉羊在处理热应激时减少了其泌乳能力，这也说明高产动物的福利也伴随着风险，除非在选择决定中把耐热性考虑进去。产量的遗传选择增加了自由采食量和瘤胃填补能力，这说明增加动物生产具有较高的代谢活性。

（三）机械对羊的影响

现代生产管理要求动物适应人工条件，并且在某些技术条件下依赖动物的能力来生产。这有可能引起肉羊高强度的应激、增加肉羊恐惧感和带来更高的福利风险。虽然有的机械尽量考虑了肉羊的感受，但是仍然有一些问题亟须解决。这些问题包括机械本身固有的问题、人与羊的相互作用、机械作用的时间和频率以及方法的简化。

机械生产有其优点，如自动投料可提高生产管理效率、易于控制营养配比和卫生条件、易于监控和监管。然而，自动投料也存在一些缺点，尤其是关于肉羊的福利问题，如饲养员只顾及投料，而对整个羊群的情况、每只羊的情况未能细心观察。

机械的运用也与羊的敏感度、性情有重要的关系。刚开始运用机械时，在羊群中超过25%的羊面对陌生机械时会产生恐惧，出现生长缓慢、采食量降低等问题。初产母羊第一次面对机械会出现肾上腺素和去甲肾上腺素升高，并抑制催产素的释放，导致羊奶产量降低。75%的母羊会在2周内适应机器程序。

（四）相关的特殊福利问题

1. 圈养和集约化管理　与其他家畜品种一样，严格限制是圈养羊应激和福利问题的来源。肉羊特别容易出现呼吸道感染，所以羊舍的通风非常重要。通风不良使羊舍空气中的氨和二氧化碳浓度增高，与其他通风良好的羊舍相比，产量减少。在通风不良的羊舍中的母羊采食量减少，肾上腺反应增强，从而分泌促肾上腺皮质激素[15]。除了通风，保持羊舍垫料清洁可使空气质量和卫生得到改善。与定期更新羊舍垫料相比，母羊卧在污渍满地的垫料上产量较低。

母羊低放养密度比高放养密度（每只母羊 $2m^2$ 和 $1m^2$）产量高，所以在低放养密度中的母羊比高放养密度的母羊有更少的亚临床乳腺炎病例。当母羊在围栏或者社会群体之间转移时容易受到社会应激，应激的母羊比一直在同样围栏里稳定的群体更加活跃和更加具有进攻性。与稳定群体的母羊相比，应激的母羊免疫反应受到损害，奶产量也较低。因此，圈养的母羊，除了需要足够的空间和通风外，也需要保持在稳定的社会群体里。因为产奶量受母羊福利条件降低的不利影响。

一般而言，与其他类型垫料相比，肉羊更喜欢卧在稻草上，并且躺卧时间更长。这种偏好在剪毛的母羊中表现得特别明显，在具有较厚绒毛的母羊中很少出现。通常多数奶羊品种的绒毛比肉羊品种的绒毛薄，这些剪毛的母羊更需要垫料来保持足够的温度调节，特别是在寒冷的天气。

2. 营养不良 哺乳是一个消耗能量的过程，母羊在传统的管理系统中还冒着营养不良的风险，特别是妊娠后期和哺乳早期达到哺乳高峰时。在自然牧场系统中，牧草可用性和质量在不同年份及一年内不同时间的变化较大，要求合理的放牧管理和放养密度。在这些系统中，由于营养不良期和哺乳期是一致的，所以需要通过补饲来获得好的生产效益。妊娠后期的营养不良会对羊乳房的发育产生重要的影响，即使在哺乳期提供母羊足够的食物也会导致产奶量减少。因此，这不仅关系到肉羊的福利，而且关系到生产效益，所以要小心管理妊娠期和哺乳期母羊的营养。

3. 早期断奶 羔羊早期断奶在所有羊业系统中都被使用，以便缩短世代间隔、提高生产。在不同的系统中，断奶时间不等（从出生后立即分离到 2～3 个月）。如果羔羊在出生后几天内没有断奶，那么只有等到至少 3 周后甚至更长的时间才能断奶。这个时期母羊和羔羊接触非常密切，母羊在大约 4 周时开始控制羔羊接触乳房。

在自然断奶之前的任何时期将母羊和羔羊分离都会造成应激。羔羊生长缓慢与早期断奶有关，早期断奶导致免疫反应受损，羔羊感染疾病和寄生虫的风险增加。逐渐分离或者允许羔羊和母羊在一起但不让其哺乳，这种应激比突然分离的应激更强。这可能是由于短期挫折或重复应激造成的。羔羊的人工抚育与行为干扰有关，如羔羊在围栏上、同伴身上和其他非食物的地板上重新吸吮（即所谓异食癖），表示这些系统不能满足羔羊所有行为的需要。在泌乳后期断奶或者由低产母羊寄养，对于羔羊的福利可能更好。

4. 人与动物的互作 饲养员可能是羊恐惧的来源之一；相反，一个好的饲养员也可以给羊群带来积极的福利。肉羊有很好地识别和区分不同饲养员的能力，对不同饲养员形成情绪依附、区分好和坏。温柔的操作可在羔羊和饲养员之间形成积极的社会关系。因此，符合福利的人员管理将有助于提高羊的福利。

5. 疾病问题 与牛一样，羊也有发生乳房炎的风险。但肉羊临床上乳房内感染的发病率相对较低，在 5% 以下。然而，依据国家、品种和种群不同，亚临床乳腺炎的发病率从 4% 到大于 40% 不等。感染通常发生于开始挤奶和哺乳期第三阶段，这可能是由于在早期转运到机械挤奶期间母羊的免疫系统损伤性反应造成的，与哺乳期第三阶段或者更多哺乳期相比，母羊的哺乳期第一阶段的感染可能性较低。因此，这种传染大多数是在转运过程中发生的。

胃肠道线虫对于羊来说是主要的健康和福利问题。圈养和集约化也增加了传播感染的风险。与半集约化羊群相比，集约化管理羊群的梅迪-维斯那病血清阳性率高3倍；与分散式管理的羊群相比，梅迪-维斯那病血清阳性率高5～15倍。因此，集约式管理的羊比分散式管理的羊疾病的潜在风险和传播速度要高。

三、传统放牧生产系统

（一）传统放牧类型

游牧生产是半干旱开放式牧场的主要生产系统。游牧生产依据移动程度可分为3个主要类别[16]：

1. 季节性游牧 这种方式具有高度流动性和灵活性，不建立固定的居所，依赖季节及牧草和水的可用程度，所以这种方式高度依赖于不同种类植被的生长周期。游牧路线并不像看上去的那样随机，牧民们更喜欢固定迁徙路线。同时，这种形式的游牧生产也是非常灵活的。当面对干旱、牧场不可用或者瘟疫时，这些路线会被岔开而另选其他路线。

2. 季节性迁移游牧 这种形式的迁徙涉及有规律的固定移动地点。定点式游牧可以包含山地区域的垂直迁移和水平定点游牧。山地区域的垂直迁移往往处在高降水量区域的古代线路上。在这种情况下，低地冬季牧场中，仓房的饲料可以用干草来补充。在夏季，羊被转移到高山草原上，通常与住在帐篷中的牧民生活在一起。水平定点游牧往往具有更大的随机性，迁徙路线可能会随着气候、经济或政治等条件的变化而改变。尽管温带地区的迁徙在很大程度上取决于生长季节和饲料供应，但在热带地区，迁徙取决于该地区的降雨周期和寄生虫流行情况。

3. 放养式游牧 这种游牧形式也被称为经营牧场式放牧，是一个更加固定的畜牧业形式，在澳大利亚和美国很常见，欧洲也有小规模分布。这种形式与其他形式的不同主要有两个方面：一是迁徙程度；二是其他形式的畜牧业仅能维持最低生活水平。尽管有少量贸易活动，但其中的动物性产品仅能维持整个家庭的生活而无法维持商业性盈利。其他区别是这种形式需要更大的饲料补给（在欧洲地区尤为突出）、所采取的放养形式使用围栏的范围和土地所有制。

在世界许多地区，羊主要以季节性游牧或季节性迁移游牧进行管理。

（二）面临的环境风险和挑战

肉羊在所有区域中进行牧场管理时，对于肉羊和人来说，主要的风险就是气候的不可预测性。因气候影响到植物的生长季节和肉羊对植被的利用。在干旱地区，种子可能在土壤中处于休眠状态，直到遇到合适的降水或气候条件才发芽。因此，牧场的可用程度和牧草质量可能随季节和年份的改变而发生大幅度的变化。在气候寒冷的牧场，问题不仅是因为降水的缺乏和不可预测性，而且还由于生长期短和严酷的冬季气候。

一般情况下，瘟疫和气候是造成畜牧业（和人类生活）灾难性损失的主要原因。这些风险在越冬中期或者春季产羔季节特别严重，此时的羊群处于最不利的境地，存活率降低。新生羔羊的损失将影响羊群的补充，也减缓了整个羊群灾难后的恢复。

（三）传统放牧生产系统的福利问题

1. 环境 各种形式的放牧都受到环境压力的影响。因为这些肉羊饲养系统是在严酷和不可预测的气候条件下进行的，这些挑战具有一定的频率和持续性。这些地区的肉羊品种多年来已经适应干旱或者严寒的气候，但是在严冬期间可能仍会受到伤害，如西藏的肉羊死亡率在30%左右，尤其是羔羊。以生产性能而不是存活特性为标准引入的肉羊会面临高水平的伤害，因为这些肉羊不适应环境变化。另外，由于这些肉羊的死亡率非常高，它们对游牧羊群的基因构成影响不大。

总体来说，影响肉羊的主要环境灾难是干旱和暴风雪[16]。在暴风雪的情况下，肉羊食物来源削减。不管肉羊的身体条件如何，大量肉羊可能因同时受到低温和窒息的伤害而死亡。干旱的影响是渐进和累积的，因此肉羊的死亡比暴风雪条件下要慢，并且身体较虚弱的肉羊首先死亡。通过长距离的迁移运动，游牧可以避开干旱；但长距离的迁移也对肉羊的健康造成负面影响，导致死亡率增加。在好的年份，牧群的数量增加，并且固定放牧。然而，在干旱年份，没有足够的水源，肉羊的饮水成为主要问题。

在对黑头奥加登肉羊的试验中，在7d内任意选取饮水的频率变化，结果发现每3d一次饮水对肉羊的生长没有影响。然而，这个试验表明2～7d的饮水间隔，肉羊表现非常干渴；当饮水时，3min就喝饱了。这个试验提示，尽管饮水间隔超过2d再饮水，肉羊能存活且对生长没有影响，但是并不能满足它们对水的需求。

2. 疾病 在牧区，疾病暴发的影响是灾难性的，伴随着流行病的迅速蔓延和整个羊群遭受毁灭的潜在风险[16]。羊群之间共享放牧将加剧传染病的影响，可以使疾病迅速从一个羊群传到另一个羊群。管理者常常通过疫苗和药物治疗方案来避免一年中某个时期疾病和寄生虫的侵害。从长期来看，这可能会使羊群的数量超过这个地区维持的数量，使这些区域的营养质量减少，尤其是对干旱年份的羊群影响更大。

在许多热带国家，疾病是妨碍羊生产和福利的最大障碍。在埃塞俄比亚，牧场主列出了下列最常见的疾病：肝片吸虫、多头蚴（感染这种病的羊会不断转圈）腹泻和炭疽。其他的研究报道了相似的发现，重要疾病还包括肺线虫、寄生肠胃炎、潜蚤病感染、羊痘和肺炎。死亡的主要原因是肺炎、肝片吸虫病、消化道寄生虫以及各种机械原因引起的伤害，如外来物体对瘤胃的伤害。在印度，发现相似的疾病——腹泻、肺炎、肝片吸虫、口蹄疫和流产。

3. 管理干预　与所有肉羊牧场系统一样，一些管理干预可能对肉羊福利有害。第一，肉羊的健康和存活与管理者密切相关，确保肉羊的福利对于管理者来说有很大的既得利益。肉羊福利和收益在这个系统中是紧密联系在一起的。第二，在这个系统中，管理者和肉羊的密切关系意味着与不经常观察的肉羊相比，管理者会迅速地发现在这个系统中丢失的福利。第三，这种紧密的从属关系与其他系统所见到的相比，可能减少肉羊对人们在管理实践中的恐惧。因为肉羊在白天被带到牧场，晚间被圈在主要住所，它们时常与人类亲密接触。从动物的角度看，这应该意味着人与肉羊的接触相对亲切。几项研究认为，许多羊能够知道自己的名字，当主人叫它的时候，它们能够作出反应，表明人与动物之间关系密切。一些小规模的羊群，农场主清楚每个个体的行为特性，在管理时可以相应地调整。尽管人与动物关系密切有这么多的好处，但在管理实践中仍然会影响动物的福利。与其他系统一样，在这些系统中公羊羔通常被阉割，这引起羔羊疼痛和痛苦。

当与其他羊群在同一牧场放牧时，需要为羊群做上标记。有的小羔羊出生几个月之后它们的耳朵被割开，这样就容易辨认。在非洲，通过用刀切掉一小片耳朵，或用烧热的金属器械在羊的耳朵、脸上、后脑勺或前腿上给羊做标记。与其他系统的耳标和耳号一样，这些操作因没有打麻药而引起疼痛。国内一般都是给羊带上耳标，主要是为了标记和防疫的需要。

与其他系统相似，应激的来源涉及挤奶、剪毛（在热带，可能一年剪 3 次毛）和屠宰。在某种程度上，人与羊和谐的关系可能减缓应激。

4. 死亡率　羔羊的存活对羊群而言非常重要。然而，羔羊的早期断奶为人类提供奶产品消费是必要的，但这可能影响羔羊的福利和存活。断奶前羔羊的死亡率相当高，范围在 $17\%\sim32\%$，而 1 岁羔羊的死亡率高达 $26\%\sim60\%$。同样地，位于苏丹中心的埃尔湖大羊研究站的数据表明，出生第 1d 的羔羊死亡率为 5.9%，30d 的羔羊死亡率为 15.2%，120d 的羔羊死亡率为 28.5%，1 岁的羔羊死亡率为 45.1%。其他数字显示，定点式放牧的早期断奶死亡率为 35.3%，迁移放牧为 25.1%。在苏丹，成年母羊的死亡率每年为 10.4%，公羊为 12.8%。哺乳期母羊在维持喂养的情况下死亡率为 11%，但是在干旱季节死亡率增加到 23%。增加的原因归结为牧草磷含量太低导致迅速降低的牧草可利用率。因此，与其他系统相比，尽管羔羊可能在围产期存活率较高，但在羔羊长到成年之前，羔羊相对较易被疾病感染而死亡，特别是温带较广泛的牧场。与其他固定式羊群相比，显著改善羔羊存活的迁移放牧可能归功于较好的牧草和水的可利用性，减少了疾病发生的风险。

第四节 疾病防治与福利

相对动物健康状态而言，疾病是动物生存过程中的一种紊乱状态，能够改变健康状态的任何因素都可以引发疾病。疾病可以是种属特异性、种属共患或者人畜共患病。疾病的危害发生在3个层次：①危害到全国的羊群；②危害到个别的羊群；③危害到个体的羊只。疾病的传播表现为多种形式，如通过空气、食物或其他污染物（它们作为疾病的载体，本身不被改变，如轮胎、害虫、皮肤或衣物等）。疾病传播是通过羊群内的水平传播或者通过母亲到胎儿的垂直传播。有些疾病的诱因是可以遗传的，或者说这些疾病属于遗传性疾病。另外，营养过剩或缺乏也可以引起疾病。总之，对病因和疾病传播机理的理解是防控疾病非常重要的部分。

疾病的诊断不能减轻福利问题，但是成功的治疗则可以改善福利问题。必要的治疗意味着饲养员对羊群的干预，这些干预并不总是有效，特别是对于羊群中未发病的羊只。人的接触将改变动物行为和生理反应，这样会影响人们的观察和对疾病的认识。

一、疾病防治

疾病防治依赖于对疾病病原学的理解，依赖于促使羊群或羊只个体特异性抵抗力产生、干扰疾病传播及发展的方式。疾病防治是相对可靠的，需要通过一些有效的途径来实施，这些途径包括：①一些特殊疾病的免疫，如梭菌性疾病；②少数特殊疫苗的使用；③预接触低水平的病原以提高免疫力，如羔羊接触低水平的球虫能够产生自然免疫；④特殊的药物使用可以预防传染病的传播，如抗生素足浴有助于控制肉羊传染性皮炎。良好的管理实践对疾病防制也是有效的。

（一）管理羔羊

体温过低可发生于羔羊热损失过多时，如产羔时庇护不够；或者发生于羔羊内在产热不足时，如出生后几小时内初乳采食量过低。体温过低也可能是两种情况的综合，如在恶劣天气出生的羔羊既没有足够的庇护，也没有足够的初乳供应。

（二）合理营养

合理营养对于肉羊的疾病防治是非常必要的，如营养管控不合理将导致一些疾病的发生。如低血钙症（常见于产羔期间，血钙水平降低可能引起肌肉收缩乏力而发生衰竭和最终的死亡）和妊娠毒血症（饮食中由于缺少葡萄糖或葡萄糖生成作用的原料，引发脂肪分解以提供营养，引起酮体在血液中蓄积和毒血症，导致昏迷和死亡）。

（三）繁殖计划

良好的繁殖计划可以减少羔羊因体温过低和细菌感染引起的死亡。繁殖计划的选择目标是最优的生存能力，而不是最大的羔羊出生重。羔羊的存活很大程度受管理和遗传因素的影响。多性状选择有利于提高疾病抵抗力[17]。例如，有些方法繁殖的羔羊对腐蹄病和胃肠道寄生虫抵抗力更高，或者受蝇蛆病的影响更小。

二、疾病和福利

对动物福利具有潜在不利影响的条件（如过分拥挤、卫生不良、温度或气候的骤变）也是有利于疾病传播的条件。因此，较差的福利可以促进疾病的发生。然而，疾病的发生也可以影响动物的福利状况。

1. 福利及其与疾病的关系 对肉羊福利的理解可以得出一个潜在的观点：疾病对福利有不利的影响。虽然在"五大自由"（最广泛接受的福利概念）中专门列出了"避免伤害和疾病"，但是患病的动物可能也要经历痛苦，采食不足和经受饥饿、改变正常的行为活动。疾病有多种表现方式，所有的疾病在某些参数方面都会表现偏离正常。

健康是个体福利不可缺少的部分，是一种部分平衡。它在遭受疾病时出现转变，认知、感知和行为一起导致对疾病的反应。这种平衡容易被多种外界因素和个体的内在状态所影响。这些破坏个体健康平衡的因子是指有消极作用的应激源，而那些有助于维持健康平衡的因子被认为是有利的应激源。应激对于生物来说是必需的，当应激源超出动物的处理能力时，就会出现不良反应。

在大多数的生产系统中，应激水平是可以预料的。因此，动物福利属于常量，这种量的平衡通过动物行为、生理、生物化学的反应来维持（表5-1）。虽然单个群体肉羊的基础水平仍然很重要，但因为品种、年龄、性别和条件的不同而导致的差异使得难以建立统一的参考标准。

表 5-1 羊基本的临床检查指标和数值范围

临床检查指标	单位	数值范围
体温	℃	39.0
脉搏	次/min	70～90
瘤胃收缩力	次/min	1～3
呼吸	次/min	19

2. 疼痛与疾病　福利中另一个需要关注的概念是疼痛。痛苦是福利的一部分，但不是唯一评估福利状况的变量。一个动物遭遇差的福利，不等同于动物遭受痛苦。然而，一个遭受痛苦的动物意味着它的福利受到破坏。评估痛苦（更多的信息见 http：//www. vet. ed. ac. uk/animalpain/）可以用客观测量（生理的、生化的和行为的反应）和主观测量（口头描述、数值模拟评分、数值评定表）的方法。由于情绪维度的存在，没有简单的福利生理变量。另外，痛苦经历在不同品种和个体之间会表现差异。例如，与小山羊和犊牛相比，羔羊在去势之后表现压抑。另外，在评估痛苦相关程序和条件时，不同兽医人员存在明显变化。为了减少这种差异变化，需要一个用简单数值描述动物福利的必需方法，这种方法是按照人医延伸到动物的生命质量评估办法。这种方法利用疾病对身体功能影响，利用正常的行为、活动，从事的社交活动，动物的心理安乐，参照取得的数值。

3. 疾病与福利评估　相对于其他家畜，肉羊因疾病及相关问题造成的损失较大，在某些情况下损失会很快发生。疾病的高发生率和死亡率引起了对福利的关注。与其他家畜相比，肉羊疾病的发生率较高，免疫注射可以减少疾病发生。然而，适当的管理程序可以避免疾病引起的高损失，这是预防疾病的有效方法。

如果采取一些方法，考虑整体的福利，可以更好地饲养肉羊。整体福利指标来自于发生疾病动物的数量以及疾病发生的条件，这样可以更好地理解疾病对肉羊的影响，而不是依据经济或临床参数进行测量。肉羊行为（如恐惧、胆怯、激动、痛苦、冷静、高兴/玩）的定性分析是一种客观的方法，以便认识个体动物与环境交流的积极作用。定性分析有助于命名一些定量分析中的含糊内容，如果这些整体福利指标能被定性分析，将促进以羊为中心的系统的发展。

疾病状态对肉羊非常重要，为了提高福利，需要提高肉羊饲养的工业标准、加强控制措施。例如，有一些重要的能引起流产的疾病，在一些病例中，它仅仅发生在母羊生产过程中，不会传染给其他母羊和人；在另一些流产病例中，能够传染给其他羊和人。为了提高肉羊健康状态，需要首先调查所有能引起流产的疾病，一般来说，需要调查流产发生在2％以上的和一些连续的病例样品[18]。此外，改善饲养和加强控制措施是至关重要的。

三、影响肉羊福利的重要问题

涉及羊产业的福利问题已有大量报道。其中，最受关注的问题是跛行、繁殖障碍、羔羊损失、外寄生虫病、内寄生虫病以及其他重要的健康问题。

（一）跛行

在全球的肉羊生产中，跛行是主要的健康和福利问题，是引起不适和疼痛的重要原因，也是养羊业经济损失的一个主要原因。英国皇家兽医学院（1997）对547个农场进行了跛行原因的调查，得到确认的原因如下：趾间皮炎占43%、腐蹄病占39%、蹄脓肿占4%、药浴后跛行占4%、关节肿胀占2%、土球病占2%（土壤或粪便等集结在脚或脚趾之间形成球状）、纤维瘤占2%、其他占1%[19]（此处引用的原文，还有3%的情况作者也无法说明）。

绝大部分跛行病例归因于趾间皮炎（感染坏死梭杆菌 *Fusobacterium necrophorum*，一种自然环境病原菌）和腐蹄病（感染节瘤拟杆菌 *Dichelobacter nodosus*）。在英国皇家兽医学院的调查中，92%的农场反映有跛行问题，每年肉羊的发生率为6%～11%。据调查90%以上的羊群[20]或80%以上的羊群，肉羊跛行的原因9%以上由腐蹄病引起，15%以上由趾间皮炎引起。腐蹄病的临床症状是不同程度的跛行（从短暂的、轻微的到持续的、严重的）、躺卧和不愿运动、采食量降低、体重下降、羊毛产量下降。致命性腐蹄病的临床症状更严重，引起蹄部发炎、红肿，蹄壳完全脱离，感染扩散到蹄部以上。有些动物，特别是幼畜，因蹄角质不能再生而留下永久的伤害。

跛行的肉羊不能放牧和抢食饲料。跛行对羊群生产力的不利影响包括身体状况不佳、繁殖力降低、受精率降低、疾病易感性增高（包括怀孕母羊的代谢性疾病）、跛行母羊生产的羔羊死亡率升高（导致初生重和产奶量降低）、增重率下降和生长缓慢等。

除了对生产力的影响外，羊腐蹄病和其他原因引起的跛行还表现在有疼痛和应激的生理反应。腐蹄病羊的抗利尿激素和催乳素超过正常，血浆中高浓度皮质醇给机体带来严重的危害。不管是轻微的还是严重的腐蹄病，均表现血浆肾上腺素和去甲肾上腺素升高。患严重腐蹄病的肉羊与对照组相比，其疼痛刺激阈值显著降低，对急性疼痛的敏感度升高，慢性腐蹄病对甲苯噻嗪的止痛效果也降低了。然而，慢性腐蹄病动物在经过3个月治疗后，其治疗效果和主要临床症状在生理效应上却没有变化。尽管羊不表现瘸腿，但它们对剧烈疼痛刺激的敏感性仍然增高。

毋庸置疑，准确诊断是正确治疗和控制跛行的关键。如上所述，两大跛行的原因是趾间皮炎（又称蹄剥离）和腐蹄病（又称羊传染性腐蹄病）。牧场潮湿，使坏死梭杆菌侵入蹄叉裂隙的皮肤而引发趾间皮炎。环境中的节瘤拟杆菌对腐蹄病的发展非常重要，节瘤拟杆菌是一个很不稳定的细菌，在外界环境中只能生存7d，据此可以制订出合理的控制方案。引起跛行的原因不同，治疗和控制的方法也不同（表5-2）。例如，修蹄对治疗腐蹄病有效，但它不能控制和治疗趾间皮炎。因此，为预防进一步损害，掌握诊断特征和恰当的治疗方案非常重要。

表 5-2　烫伤（趾间皮炎）和腐蹄病治疗及控制的合适方法[21,22]

项目	烫伤		腐蹄病	
	治疗	控制	治疗	控制
修蹄	×	×	√（护理）	×
喷洒抗生素	√（无足浴）	×	√（无足浴，对 CODD 作用不够）	×
注射抗生素	×	×	√	×
足浴	√（无喷洒）	√	√（无喷洒）	√
接种疫苗	×	×	√	√

（二）繁殖障碍

繁殖障碍的损失涉及从配种到分娩的各个环节，包括不发情、早期胚胎损失、有明显症状的传染性流产。

母羊不发情、排卵障碍首先考虑的影响因素是母羊的营养方案。配种前 4 周要加强营养，配种后平稳持续至少 4 周。这是因为受精卵到达子宫约需 3d，而着床则在 12d 后。这期间受精卵是非常不稳定的，任何意外应激因素都将降低怀孕成功率（如狗叫、转移到新牧场、日常管理）。一旦怀孕成功，除了特殊疾病损害之外，怀孕不可能终止（如撞击一下腹部不可能导致流产）。营养水平仍然是一个重要因素，怀孕中期体况等级评分可允许适当降低，但不超过 10 分。在接近最后 6～8 周时，胎儿发育对营养物质的需求快速增加，此阶段其体重接近初生重的 80%。与此同时，腹腔可利用空间逐渐缩小，因此瘤胃容积比正常的小。这就意味着必须加强瘤胃蠕动，以便获得足量营养供给母羊和快速发育的羔羊。摄入蛋白质的品质及高水平的非降解蛋白（在瘤胃内）是提高繁殖效率所必需的。增加蛋白质摄入，可提高母羊怀孕末期对胃肠道寄生虫的抵抗力和泌乳量。如果饲养不当或日粮供给不足，可导致繁殖障碍的代谢病。母羊过食和逐渐肥胖不但导致新陈代谢问题，而且还增加了由于脂肪沉积使骨盆口狭窄和分娩过大羔羊导致难产的风险。

传染性流产几乎包含所有动物传染病。母羊传染性流产的病因主要是衣原体（地方性流产，EAE）（52%）、弓形体（24%）、弯曲菌（9%）、沙门氏菌（3%）、李斯特菌（2%）、其他（10%）。传染性流产可导致母羊重复配种、空怀、流产、死产、生产弱羔和表面健康的羔羊，而它们可在羊群中传播感染，对病情进行早期调查好于等发病率升高后再调查。以衣原体（地方性流产）为例，在第一年如果没有对所有流产病例进行调查，引入羊群的病例可能被忽视。随后的第二年在羊群中可能发生高水平的流产，通常在 25% 以上。这种情况可能对孕期母羊器质性疾病的影响较小，但是如果此状况发生在接近预产期时（即当乳房和母性行为充分准备期间）可能对行为产生影响[23]。此外，被感染而幸存的羔羊也可能按期分娩，直到死亡前一直传播感染；它们比未感染者体重低、身体更虚弱。

发生在怀孕后期的双羔症（妊娠毒血症）是能量摄入不足的结果。这种情况引起的症状有视力障碍、食欲不振以及因没有快速可用的能量来源而分解体脂肪引起的酮血症（检测呼出气体具有典型的梨汁气味）[24]。日粮结构不合理、日粮总量不足、日粮供给不足、日粮供给中断均可成为诱因，所有这些因素都可以通过正确的饲养避免。

低血钙症是在怀孕末期当母羊不能提供发育胎儿突然增加的需要时，在接近或到了预产期才易发的疾病，可引起瘫痪并导致昏迷。如不治疗，最后会导致死亡。母羊需要通过复杂的内分泌系统动员身体的（钙）储备，这与日粮钙的含量没有直接联系（即钙缺乏不能单纯依靠高钙日粮克服）。镁和钙的代谢之间有着复杂关系。目前，建议在产羔前饲喂低钙和正常磷的日粮，以刺激骨动员和分娩后增加吸收，添加 2 000 IU/（kg·w）的维生素 D 将有利于钙的吸收。应激因素（如运动）可诱发低血钙症。母羊对治疗的反应迅速，在 30min 至 1h 内，母羊可从奄奄一息到机灵活泼。因偶尔会复发，要仔细监视，并发症会使问题复杂化，而且是疾病发展的诱因。所以，可作为个体或者全群缺乏福利的标志。

（三）羔羊损失

全球羔羊高死亡率是涉及福利的重大问题。在发达国家，羔羊平均死亡率是 15%～20%，在 3 日龄内这样的羔羊近 50% 发生死亡。70%～90% 的羔羊损失归因于功能障碍性疾病，10%～30% 归因于在分娩和新生适应期感染了外界环境的致病因子[25]。羔羊死亡的主要原因是：产前和临产期疾病（如分娩困难或难产）（30%～40%）、弱羔/受冻/饥饿（25%～30%）、感染性疾病和胃肠道问题（20%～25%）、先天性疾病（5%～8%）、意外伤害和未知的原因（5%）。

通过改善管理措施可以降低羔羊的死亡危险。例如，户外产羔制度由于难产、受冻或饥饿，死亡率很高；相反，室内产羔制度则要面对感染性疾病和高流产的危险。产羔数也是一个促成因素，近一半的双胎羔羊死于饥饿，而只有不到 1/4 的单胎羔羊死于饥饿。双胎羔羊的死亡高峰在 1 日龄后，而单胎羔羊在分娩当天发生死亡最多。这些数据主要来源于发达国家的研究，而在发展中国家羔羊死亡率普遍较高，其原因更多的是传染病。新生羔羊福利的主要问题是初生后与新生适应（或不适应）期间呼吸困难、体温低、饥饿、疾病和痛苦。因此，饥饿、疾病和痛苦是对新生羔羊福利的最严重伤害。就目前全球羔羊死亡率水平来说，羔羊死亡率是一个必须关注的重要福利问题。

体温过低是一个福利问题，并不是所有羔羊的体温过低都是因母羊死亡引起的。体温低可能导致其他羔羊的排斥以及失去母羊的关爱，并由于饥饿而使病情不断加重，当羔羊为寻找食物不断尝试吸吮物体时可能发展为肠毒血症。在幼羔时期，流涎症或腹鸣症是另一种疾病，是由于吃初乳前摄入了外界环境中的污染物。这些感染者的分离菌是大肠杆菌，它们在胃肠内持续繁殖并释放内毒素，从而导致了典型的弓背羔羊症状：经常流涎、运步蹒跚、头颈无力、逐渐衰弱直至死亡。如果在发生感染之前，每千克体重确保摄入 50mL 左右的初乳，这种情况就会避免。只用抗生素进行全面预防可能导致耐药菌群增多，应当将强化免疫与适当的初乳免疫控制结合起来。疫苗可以提高抗大肠杆菌的母源抗体水平，但其效果依赖于羔羊是否吃到初乳。通过合理的母羊营养、好的产羔卫生、护理好初生羔羊，大部分羔羊损失是可以避免的。合理的营养在羊群福利中的作用是非常重要的。

（四）外寄生虫病

外寄生虫生活在羊的体表和羊毛上，通过降低奶和肉的产量，使毛和皮革的等级下降从而影响经济效益。它们可能是终生性的，如疥螨、羊蜱蝇和虱；也可能是季节性的，如丽蝇、头蝇和羊鼻蝇。它们倾向于专一寄生，在其他物种上很少发现。除了对生产力的影响，外寄生虫还给肉羊带来了巨大的痛苦和苦恼。

羊毛蝇蛆病或羊皮蝇蛆病是低地牧场最常见的疾病，特别是在温暖和潮湿的地区。但在粗放饲养条件下往往被忽视。羊毛蝇蛆病导致采食量减少，体重下降，羊毛生长缓慢，同时伴随有体温升高、血浆促肾上腺皮质激素和皮质醇增高、血糖和 β-脑啡肽下降。因此，在生理上羊毛蝇蛆病与肉羊苦恼和痛苦的指标相关联。羊被最初侵袭时伴有苦恼的行为指标，包括焦虑不安和抑郁；当感染持续发展时，羊出现不断地踩脚、剧烈地摇尾、啃咬或摩擦被侵袭的部位。羊毛蝇蛆病的发生呈周期性，未经治疗的动物可能在第一次、第二次或第三次被侵袭后死亡。

肉羊痒螨病是一种由于肉羊痒螨入侵引起痒螨性过敏反应而导致的剧烈刺激性疾病。开始，脱毛病灶较小，逐渐融合成较大的脱毛病灶，并发生剧烈的刺激症状。早期感染需要几天时间，这一阶段，肉羊表现出异常的行为方式：烦躁不安、剧烈摩擦病灶区、啃咬体侧和摇头。随着疾病的发展，由于过敏原的存在，感染肉羊变得越来越苦恼和躁动不安、摩擦和摇头增多、伴随着持续的啃咬或痛苦的表情。当安静时，表现特有的咂嘴和伸舌。一项肉羊感染痒螨病的行为学研究表明，尽管经过治疗，用在维持行为的总时间未增加，但维持行为（采食、休息、反刍）经常被发作的摩擦、搔痒、啃咬所打断。据调查显示，母羊感染致命性痒螨病，对管理和运动有高度敏感的反应，其特征是典型的痛苦表情和啃咬反射、持续快速的摇头、啃咬病灶、用肢蹄不由自主地频频疯狂地搔痒患部和"癫痫样发作"，发作持续 $10\sim20min$，表现为自主控制消失、牙关紧闭和抽搐痉挛。痒螨属的某些种类也可以感染肉羊的耳道。在高发病率的公羊群中，亚临床感染率在 25% 以上。羊的行为表现是摇头晃脑、摩擦耳部，可能导致耳血肿或花椰菜样耳。疥螨给肉羊造成了强烈的痛苦，因此，感染的早期诊断是很有必要的。虽然治疗可杀死螨虫，但由于过敏引起的损害可能长时间存在，所以早期检测技术和治疗感染是必需的。传播途径通常是直接接触，但与羊毛、标识牌、痂皮等接触也可感染。除了澳大利亚、加拿大、新西兰和美国外，世界大部分产羊国都有本病。控制方法是，用人工合成的拟除虫菊酯类（SP）药物或有机磷（OP）杀虫剂浸浴，或注射大环内酯类药物。大部分 SP 浸浴需要在第一次浸浴后 14d 进行第二次，以便彻底消灭虫和卵，被兽医认可的有更好效果的注射疗法，这与浸浴一样，也需要第一次注射后 10d 重复注射。OP 浸浴被认为是治疗这些疾病最有效的方法，但要特别注意操作者和浸浴肉羊的安全。在英国，已成功开发用淋浴治疗和预防疥螨的方法，但缺乏添加的有效化学性药物。在澳大利亚和新西兰，淋浴方法已广泛使用，肉羊痒螨已不是问题，其主要问题是苍蝇叮咬和体表寄生虫。用淋浴来控制痒螨还没有许可的药物，而且大量的使用报告也显示不能完全控制此病。

疥螨（由 *Sarcoptes scabei* 引起）发生在欧洲、中东、巴尔干半岛以及印度、美国南部和中部，但在英国从没有发现的记录。疥螨引起面部、耳部轻微的刺激，但如果扩散也可能变得很严重。在澳大利亚和新西兰，肉羊足疥螨（*Chorioptes ovis*）可引起足部疥癣和发病率低的阴囊癣。公羊阴囊癣一旦发生就是一个麻烦的问题，由于刺激和严重的阴囊癣可导致精液变性和繁殖率降低。药浴减少将导致这种情况再度出现和虱病的侵害发病率上升。

吸血虱和嚼食虱为世界性分布。在英国，用注射大环内酯类药物控制疥螨病时，只对吸血虱有效，消除羊毛嚼食虱必须局部用药治疗。所有以上疾病对肉羊都是刺激因素，因此要确保把它们列入保健规划中。随着抗寄生虫药广泛使用（或滥用），抗药性随之发生并可能扩展到其他杀外寄生虫药。为了今后肉羊的福利，只有采取合理使用有效的化学性药物，并对新引入的羊进行切实可行的隔离检疫后再并入羊群的方法，才能保障养羊业健康发展。

促进肉羊福利，不但要依靠教育和培训称职的饲养者，而且当预防策略发生改变或失败时要有有效的补救措施。上述肉羊福利的潜在意义，不只是更好地抵抗外寄生虫和内寄生虫的侵袭，而且对整个肉羊福利有巨大的价值。

（五）内寄生虫病

体内寄生虫包括胃肠道寄生虫和肝片吸虫。消化道蠕虫是反刍动物生产力下降的主要原因。寄生虫感染可引起急性和慢性疾病。但是，随着抗蠕虫药物的使用，即使羊表面看来是健康的，但其亚临床感染可能很普遍。

感染血矛线虫的临床症状是腹泻、脱水、食欲不振、生长缓慢和贫血。亚临床感染寄生虫病的羊，表面上是健康的，但仍有一些现象能显示出其福利受到了损害。试验表明，感染寄生虫的动物比未感染者自由采食量减少、营养成分的利用率降低。对各种生产性能的影响包括增重率降低、羊毛产量减少、死亡率升高、对幼龄羊的危害特别严重、产奶量和繁殖率降低、驱赶蚊蝇叮咬的频率降低。这些影响与自由采食量减少相比可能是次要的。肉羊无论是感染血矛线虫还是毛圆线虫，其血浆皮质醇升高而甲状腺素降低。对亚临床感染羔羊的放牧和饮食选择行为的研究表明，尽管所有羊倾向于避开草地中被粪便污染的区域，但感染寄生虫的羊比未感染者具有更强的选择性，即使被污染区域草的质量很高也拒绝采食。虽然体内有大量内寄生虫的肉羊不表现临床症状，但是吃草和活动时间比健康羊要少很多。即使感染寄生虫肉羊与健康肉羊的放牧次数相同，但放牧时间缩短，其采食量会减少。这些数据表明，肉羊亚临床感染蠕虫足以改变其行为，特别表现在活动时间和采食量减少，这些行为可能是遭受寄生蠕虫引起的一些不适或全身不适的表现。因此，可以作为羊寄生虫感染的临床症状。

肝片吸虫病是由肝脏吸虫——肝片吸虫（*Fasciola hepatica*）引起的。肝片吸虫病大量发生的原因是：发生地有温暖潮湿的气候，有中间宿主小椎实螺、截口椎实螺。本病可能表现急性、亚急性、慢性症状，也可能是相互交错的征候群。其他吸虫也可引起本病，如大片形吸虫（*F. gigantica*）（出现在非洲、亚洲、中东以及美国南部、西班牙、俄罗斯南部），用控制肝片吸虫的方法可以控制本病。在急性病例中，由于大量虫体在肝内移行，导致急性失血性贫血和低蛋白血症，引起宿主突然死亡，其他虫体可能导致腹痛和明显的肝脏肿大。亚急性型，可能持续1～2周后缓慢恶化，最终死亡。慢性型，表现明显的消瘦和贫血症状；生化和血液检查，表现低蛋白血症和嗜酸性粒细胞增多。其发生死亡，是由于持续贫血和恶病质，并在此基础上诱发代谢性疾病或并发感染。可通过改良草场、利用排水消除椎实螺栖息地、局部围以栅栏以及使用杀吸虫药的方法控制本病。

在全球，抗药蠕虫种群不断增多、不正确的控制策略和鼓励养羊业的发展使得内寄生虫病对肉羊产业影响日益凸显。日常进行粪便批量虫卵计数并规划驱虫方案，寄生虫控制计划应包括对羊群寄生虫病风险的评估，当控制计划受阻时，需要根据个别牧场的实际情况，针对一年中特定时间联合应用抗寄生虫产品。良好的放牧管理是未来发展的方向。

（六）其他重要的健康问题

1. 呼吸系统疾病 肉羊肺腺瘤病（Sheep pulmonary adenomatosis，SPA）和梅迪-维斯那病（M-V）是遍及全球的2种慢性进行性肺部病毒感染性疾病。

肉羊肺腺瘤病可以通过临床症状诊断和死后剖检确诊。这种传染性肺部肿瘤发病缓慢而隐蔽，导致明显的呼吸困难，逐渐恶化并最终死亡。典型的临床症状是"独轮车"测试，即当提起病羊后躯、头部放低时，从鼻孔流出液体。这种情况会造成严重的经济损失，更不用说其中包含的羊群和病羊的福利问题了。目前，还没有有效的实验室检测方法。它是影响羊群经济效益的疾病，目前没有被认可的治疗方法和措施，通常通过淘汰有病的个体来进行控制。

梅迪-维斯那病是潜伏期很长的病毒感染性疾病，其特征是进行性肺炎和消瘦，最终导致多器官衰竭而死亡。临床症状多种多样，从中枢神经系统（CNS）症状到乳房炎。梅迪-维斯那病的症状有 2 个类型："梅迪"是进行性肺炎，引起流鼻液和呼吸困难；"维斯那"引起的症状有体重下降、不耐运动、食欲不振；普遍的精神沉郁是本病不良福利后果的一部分。此外，梅迪-维斯那病也可引起顽固的乳房炎。

在山羊中，梅迪-维斯那病与山羊关节炎脑炎（CAE）密切相关，可发生交叉感染。

肉羊与肺炎病变相关最常见的疾病是巴氏杆菌病，这也是死后剖检误诊数量最多的疾病。本病常常突然发生又很快消逝，死亡率较高，对羊群的经济效益有着巨大影响。巴氏杆菌病的发生有 2 种类型：肺炎型和全身型。两者都是由溶血性曼氏杆菌（*Mannheimia haemolytica*）引起的，多杀性巴氏杆菌（*Pasteurella multocida*）很少引起肺炎。尽管在温暖地区，多杀性巴氏杆菌不是肉羊常见的病原体，但有时也可引起严重的疾病。药物治疗巴氏杆菌病的疗效有限，作为预防措施是有用的。因此，应尽快对本病作出诊断。提倡用牛副流感 3 疫苗限制溶血性曼氏杆菌的感染，如果发生明显的疫苗免疫失败，这是一个有效的补救治疗措施。

避免突然的环境和营养改变应是羊群管理方案的一部分。急性病例通常发生于每年的前几个月（春季和初夏），注射有效的疫苗（灭活苗）是有效措施。为确保在易发病季节获得最大限度的防控，在第一次注射 1 头份剂量后，间隔 4～6 周再注射 1 头份，以后每隔 6 个月加强免疫一次。一般在春季和秋季进行免疫，在圈养前加强免疫是公认的做法。也可以与梭菌疫苗结合做成联合疫苗，适用于种羊、育成羊，也适用于公羊。

2. 痒病　痒病是一种发生在羊中枢神经系统的慢性、渐进、致死性衰竭疾病[26]，由一种像病毒但具有阮蛋白特点的感染性病因引起。它是海绵状脑病的一种，这类疾病包括发生在长耳鹿和洛杉矶麋鹿的慢性消耗性疾病、库鲁病、人的克雅氏症等，具有像传染性貂脑病、牛海绵状脑病一样的相似发病条件。疾病的发生模式是复杂的，主要原因是宿主遗传因素影响感染后的疾病发展。

许多痒病病例可能无法识别，特别是缺少检疫的羊群，因为感染羊可能很快变得不协调和死亡。痒病的症状包括强烈的瘙痒和战栗反射,随着疾病发展经常出现显著的震颤,在疾病的早期表现缺少协调性或轻微跛行。在疾病后期,病羊是否出现意识不清仍有争议,但是疾病症状可引起个体的福利问题。痒病的传播机理还不甚清楚,病羊将作为羊群潜在风险被处理。

痒病没有治疗方法,依赖遗传抗性培养羊群是当前的疾病清除计划。基因型抗性选择是明智的,有价值的育种与抗痒病基因型的潜在联系研究是当前的热点。当前是在剖检后使用中枢神经系统作为材料进行痒病的诊断实验。

3. 梭菌性疾病 梭菌性疾病是一类由微生物引起、通过土壤传播、毒素在体内快速分布引起多种症状的疾病。这些疾病包括破伤风、羔羊痢疾、肉毒梭菌中毒,梭菌性疾病依然是羊群的一个威胁。梭菌性疾病发生时,通常引起突然死亡,需要通过剖检进行诊断。各种症状的梭菌性疾病都能见到。免疫是预防梭菌性疾病的唯一方法,梭菌性疫苗可以有效地预防近 10 种不同的梭菌性疾病。临床兽医通常认为,免疫失败相当于反映了羊场的福利水平较差。羊群发生梭菌性疾病不可避免,羊场没有免疫将造成直接的经济损失。免疫程序对于灭活苗是相似的,但是梭菌性疫苗具有强免疫原性,首次免疫剂量加倍,以后每年进行加强免疫,在常规免疫程序中强制免疫需要保持。

4. 母羊消瘦综合征 成年羊的体况反映了近期的饲养状况,同时体况也是可以改变的。不同类型动物的目标分数在不同生产阶段有所差别,这些数据会在给出的平均值上下变化,具有一定指导性但不能作为最终结果。体况指数(BCS)是一种有用的管理技术,如果母羊的数值在预期的下限,则需要找出原因。母羊高体况指数和低体况指数的相关性未知。正确的饲养管理和改善饲料质量有助于恢复羊的体况。

瘦弱母羊可能是由于母羊在一段时间没有摄入足够的营养或寻找食物的能力问题,这不是一个好的福利状态,会出现潜在的福利问题。即使瘦弱羊(通常 BCS 低于 2.0)没有出现饥饿感,如果它们进行育种会导致其他福利问题。与 BCS 高于 2.0 的母羊相比,瘦弱母羊在妊娠期会出现代谢紊乱、更高的难产率、脱肛、羔羊出生重过低和高死亡率。可能的原因是缺少食物、牙齿不全、慢性病。可以通过生化指标以及剖检后体脂肪的检测来确认是否是由缺少食物引起的;缺牙、牙齿不平或脓肿、牙齿缺口、仓促采食、塞牙等会引起放牧和咀嚼困难,通过口腔和牙齿的检查可评估牙齿处理饲料是否不足;慢性病处理起来可能更困难,这些特殊疾病包括慢性体内寄生虫病、慢性肝片吸虫病、慢性肺炎、慢性跛行、副结核病(Johnes disease)。慢性体内寄生虫病、慢性肝片吸虫病、慢性肺炎在羊群的发病危害比较轻微,并且可控。副结核病本质上是慢性肠炎,相对少见,但在一个羊群中发病率可以接近 10% 以上,可发生在所有的反刍动物。这种疾病临床症状明显,羊体况变差和恶化,长期的潜伏期会降低生产性能。典型的临床副结核病发展相当快，晚期粪便变软引起会阴部污染。只能通过剖检和血液学检测确诊。

当考虑疾病对福利影响时，加强疾病发生率和局部地区流行情况的调查有助于保持和改进当地羊群的福利。

5. 外伤 羊场普通的外伤包括四肢骨折、皮肤损伤、剪毛伤害等。一些外伤在一定程度是偶然的，通过改进或更严格的管理可以减少，但是不能完全消除。为了减少外伤的发生，所有的设备应该定期检测锐利边缘和修复情况。通过设备快速转移羊群时，要求这些设备完好并能完成复杂的操作。设备需要放置好，能够快速、便利地处理羊。饲养管理者的技能和态度也会减少外伤，在被暴力驱赶或高度害怕时，羊更可能因发生惊恐与设备碰撞而受伤。

四、疾病控制与福利

疾病引起的福利问题发生在多个方面：①疾病控制与疾病危害相对应，如大群口蹄疫的控制应该考虑口蹄疫在群内扩散的风险。②采取会明显降低疾病发生率的措施，如预防疾病扩散，维持羊群健康。③避免过量使用治疗药物，以保持功效、降低抗药性。

（一）羊群健康计划

1. 法定的方案 控制法定的传染病，如 OIE 目录列出的一些 A 类传染病。控制方案需要落实而且进行监测。国家法定的动物疾病控制方法引起了关于动物福利的问题，也引起了关于技术进步和方法实施的国际合作问题。欧盟对口蹄疫的法规对全球性的疾病控制发挥作用。有效的免疫策略能够很好地维护羊的健康和福利，从而能够替代大规模屠宰带来的利益损失。

2. 公认的国家/地区计划 国家的疾病委托计划，如某些国家的梅迪-维斯那病和无流产地方流行病计划。这些计划有利于阻止疾病的传播。对羊和饲养管理者来说，不接触疾病是更好的选择。

3. 羊群健康计划 羊群健康计划是预防疾病的积极方法。制订计划需要对以前疾病的防控情况进行总结并制订生产计划目标。健康计划的基本要求是过程记录，包括交配、产羔、断奶、疾病预防。采取免疫计划的形式、足浴制度、粪便样品采集时间、粪便中虫卵计数监测等所有事件都应被记录，包括母羊和羔羊损失及其原因，以及任何调查的记录。羊群每年重要时间的饲养计划也包含其中。在许多羊场，特别是散养模式，影响福利和生产力的未知临床疾病的连续记录是最低要求。健康计划需要兽医投入大量的时间。持续的改善福利会有成功的产出，如提高羊场的利润。

对于特别疾病的基本反应，紧急性的兽医工作是不可缺少的。对于一些处理困难的疾病，启动预防性策略至少可以控制病情。

（二）疾病控制的管理工具

1. 预防管理策略　预防管理策略有助于预防疾病、减少最常见和可预测疾病条件的影响。

（1）条件评分。这是一种评价羊群营养性能的最重要的工具，包括处理成年种羊群、评价肌肉数量、评价腰椎和尾巴末端横断面脂肪。条件评分能够有效指导羊群的性能，但不能用作一个可预测性的指标。

（2）牧场管理。草皮厚度管理是一种有用的方式，用来评价牧草的作用。羊群的迁移应该有计划性和谨慎进行。

（3）营养。营养处于成功生产的核心地位，一个全面的饲养计划是任何健康福利计划的重要支撑。需要考虑饲草、浓缩料原料的可用性和质量，以及羊群需要、饲草可用、轮流羊群的数量。小反刍动物中营养的作用在世界范围内有重要经济价值，营养管理与羊基因型发展及新生产系统一样具有重要意义。

（4）采血。定期采集血样检查营养状况，在某些情况下检测微量元素（如怀孕中期铜、维生素 B_{12}/钴、碘水平）是一个有效的策略。据此可以校正用量，防止缺乏引起的不良反应及确保不引起中毒水平。

（5）提供庇护。房屋或庇护所需要在恶劣天气之前准备，并保持清洁卫生。

（6）卫生。卫生和清扫制度特别重要，应提前计划好。如产羔羊时，恶劣的卫生条件明显促进了羔羊的死亡。

2. 免疫　对于商品羊群，梭菌和肺炎菌的免疫是基本要求，涉及羊福利。衣原体流产（地方性流产的原因）和弓形虫（弓形虫病的原因）的羊群免疫可为母羊提供长久保护，是标准的实践操作。免疫是控制腐蹄病的有效措施，但加强剂量需要与疾病发生高峰期相一致。大肠杆菌和丹毒杆菌（一种关节炎的病因）的免疫也可以获得。牛疫苗的创新使用有助于预防羊副流感 3 型病毒。羊痘疮疫苗是一种痘病毒，能引起皮肤表面损伤，特别是口、鼻周围。其机理是激发细胞免疫发挥作用，这意味着免疫力消退得比其他疫苗快。为了得到更好的免疫效果，疾病高发期之前或者出售前 4～6 周就要使用。

在世界的大部分地区，沙门氏菌病与流产和死亡有关。羊属沙门氏菌是欧洲和西亚流产的一个重要原因，其他沙门氏菌种类，如鼠伤寒沙门氏菌和都柏林沙门氏菌能引起流产等疾病。羊脑脊髓炎是一种严重的中枢神经系统疾病，能影响多数的家畜和人[27]。可通过沙门氏菌（一种细菌病）和羊脑脊髓炎（一种蜱传播的病毒性传染病）疫苗进行防控。

3. 治疗制度　治疗制度需要与兽医讨论确定，早期有效治疗或预防性治疗可以减少某些特定疾病的发生。联合目标产品水平、羊群健康计划等行动计划能提升治疗水平，这些提高了健康计划的实用性。

4. 育种 产品特性的选择可以引起问题，如提高产奶量与乳腺炎发生有关，但是某些疾病抗性和特性的改善潜力是连续的。

（三）饲养与疾病控制

不同的饲养方式会导致不同的疾病风险，放牧的农场羊传染病风险较低，但是营养和气候性的风险较多。在世界的一些地区，需水量也是一个限制因素，特别是产奶羊，它们对水的需求量至少是非泌乳母羊的2倍。集约化系统羊传染病的平均风险提高，但是更容易开展定期检查、治疗和预防。不同的产品目标也会改变疾病的发生风险。例如，羊乳制品业可以为奶量和奶成分进行育种，但也使得乳腺炎的发病率提高。

不考虑饲养系统，饲养员的能力对疾病控制非常重要。例如，合理处理跛行、识别疾病早期症状对疾病控制非常有利。在许多养羊国家，饲养员缺少培训，因为国家不重视养殖业和食品生产，而是向新技术方面转移，从而导致许多培训方案的缺失。

（四）检疫

跨界疾病如口蹄疫、蓝舌病、小反刍兽疫、羊痘、裂谷热等，这些疾病众所周知。对于所有的肉羊生产者，疾病的流行病学和世界范围流行改变的连续检查很重要。全球化发展使得羊群在多国边境自由移动，未检疫的羊群会带来病原传播的风险。

保证生物安全对维持现有羊群的健康状态非常重要。所有的羊场应有足够的隔离设备。引入羊群的外购羊应该了解其健康状态并进行隔离，隔离期不少于21d。可实施常规治疗并观察普通疾病，检测是否带入疥癣、虱子、小肠蠕虫，以及蹄部是否存在能引起腐蹄病的细菌。在繁殖母羊，特别是公羊的主要出售时间，因与繁殖季节相关，应避免过多的检疫。养羊业需要合理安排时间，按适当的程序进行检疫。

对羊的需求进行适当的评估需要确立基本的福利指标和羊福利指标。福利评价需要考虑养羊面临的实际困难，以及优质羊群带来环境和产品方面的利益。此外，还需要考虑部分地区面临的人类福利需求问题。

第五节　宰前福利管理与肉品质

随着人民对食品安全的日益关注和膳食结构的改善，我国羊肉的需求量日益增加，生产安全优质的羊肉已成为行业的趋势。许多消费者愿意为品质优良、获得良好动物福利的羊肉支付更高的价格。但是，近年来由于宰前管理环节福利理念的欠缺，肉羊因宰前管理不当出现了淤伤、血斑、DFD肉、胴体重量减轻、屠宰运输应激等问题，导致部分羊肉色泽不佳、风味劣化、肉品等级降低，严重影响羊肉的营养价值和食用安全性。

肉羊宰前管理是指屠宰放血前的装卸、运输、入栏与休息、禁食、宰前致晕等程序。在这些过程中，肉羊要面临环境变化（混群、密度、温度、湿度）、饥饿、颠簸、拥挤和陌生环境等刺激，以及由此导致的惊恐、紧张的心理变化[28]。应激条件下，肉羊往往表现为呼吸急促、心跳加速、恐慌不安、性情急躁，造成体内的营养、水分大量消耗，并最终影响羊肉品质。顾宪红等[29]研究表明，家畜运输到屠宰场过程中的应激是整个肉品生产过程最严重的应激之一。Grandin[30]研究表明，宰前不当操作、屠宰运输、恐惧、摔伤、打斗、皮肤擦伤、DFD肉，会带来严重的经济损失。北爱尔兰的一项研究表明，肉羊宰前擦伤、水肿和体重减轻的比例分别为4%、65%、77%[31]。国内外大量研究表明，良好的宰前福利管理能减少肉羊宰前应激，降低劣质肉的发生率，是肉羊由活体转化为肉类产品的重要环节，宰前福利管理对羊肉品质有直接影响，不当的宰前管理会导致肉羊死亡率升高、畜体损伤和肉质下降。因此，宰前福利管理对控制和提高羊肉品质、提高羊肉在国内外市场的竞争力、促进肉羊业的可持续发展具有重要意义[32]。

一、宰前禁食对羊肉品质的影响

宰前禁食，即肉羊宰前的一定时间内停止饲喂饲料，但通常不限制饮水。禁食导致体内能量消耗，对肉羊胴体重和肉质产生影响，同时关系到动物福利与经济效益[33]。正确的禁食可以有效缓解肉羊在装卸及运输过程中产生的紧张情绪和应激反应，减少屠宰时胃中残留食物量，降低肠胃破裂的发生率以及肠胃破裂时食物和粪便对胴体造成的污染，便于内脏的加工处理，促进体内糖原代谢，加速宰后肉的成熟，提高肉的质量，减少饲料消耗，减少粪便的清扫，减少肉羊宰后胴体大肠菌群总数，提高卫生品质，在节约成本的同时提高动物福利[34、35]。

一般情况下，肉羊宰前24h禁食，宰前3h断水。宰前禁食24h有益于羊肉卫生品质，对食用品质及感官品质无影响[36]。禁食时间过长会降低肉羊的体重和屠宰率。禁食消耗肉羊的能量储备，特别是肝糖原，禁食9h肝糖原被动用50%以上，18h肝糖原浓度为0。此外，禁食时间过长，宰前肌糖原含量降低，宰后乳酸量产生不足，宰后pH升高，羊肉成熟所需的酶类活性不足，无法分解肌肉蛋白质，在极端情况下会产生肉色发暗、坚硬和发干的现象，这种肉称为DFD肉。在禁食后，应供给充分的饮水，保障肉羊正常的生理机能活动，调节体温，促进粪便排泄，降低血液浓度，充分放血，提高肉的储存性，获得高质量的羊肉。饮水不足会使血液浓度升高、放血不充分，影响肉品质量安全。为了避免肉羊倒挂放血时内容物流出污染胴体，宰前3h停止给水。

不同品种、饲养方式和年龄的肉羊适宜的宰前禁食时间不同，有针对性地确定适宜的宰前禁食时间，对生产优质羊肉有重要意义。Serhat Karaca 等发现，禁食对羔羊肉肌糖原含量的影响有限，pH、L^* 值、系水力和水分随禁食时间的增加而降低，禁食 24h 或更长时间后，某些生理应激指标显著升高，禁食对某些肉质指标有负面影响，禁食超过 48h，可能会显著降低肌糖原储备[36]。长时间禁食会导致应激加剧、体内葡萄糖磷酸丙酮酸羧化酶和磷酸烯醇式丙酮酸羧基酶的活力上升、糖原等碳水化合物大量消耗，以满足机体的能量需求。Pointon 等[37]认为，反刍动物禁食时间过长会增加瘤胃中有害微生物的含量，加大瘤胃内容物对胴体污染的风险。然而，有学者发现，羊宰前禁食24h，pH、肉色和持水力等肉质指标无显著影响[38~40]。但是，Greenwood 等[41]研究发现，宰前禁食会使山羊羔肉色加深，禁食及禁食过程中造成的应激反应会使羊肉极限 pH 升高，对肉色有影响。

羊肉品质的优劣不仅直接影响肉类屠宰企业产品的销售量和销售价格，还会影响到产品的储藏和运输性能、精深加工企业产品的品质及出品率等技术与经济效益指标。良好的禁食管理是生产中改良肉品质的重要途径。目前，针对中国现有肉羊品种、符合中国生产条件、宰前物流链、屠宰场实际、待宰环境的禁食研究较少，深入研究中国肉羊不同宰前禁食时间与肉品质的关系，探索宰前禁食的影响机制，可从肉品科学的角度为肉羊宰前管理提供依据，提高羊肉品质，改善动物福利。

二、宰前运输对羊肉品质的影响

运输作为现代肉羊产业一种不可避免的程序，对肉品质量和安全都有明显或潜在的威胁。因此，在实际生产中，如何安排和选择合理的运输时间、运输方式和运输人员对于提高动物福利、改善肉品质尤为重要。装载适合的动物进行运输是保证运输中动物福利的最基本要求。运输不适合的动物是造成运输中福利问题的主要原因。为了保持高福利水平的运输条件，应不断探寻以动物为基础的评价标准，促进动物福利水平的改善[42]。肉羊运输环节的关键问题有：肉羊运输工人的经验、运输工人的态度、装载的设施和设备、用于运输肉羊的车辆种类、装载方式、卸载方式、羊在车上的站立方向、装载密度、到达屠宰场的距离、运输中的温度和水的供应等；衡量运输应激的主要指标有：心率、体温、血液应激指标、尿液应激指标、动物行为学观测、活体重量变化、皮肤损伤指标、肉品质指标。

运输过程由多个部分组成，从动物通过卡车门进入卡车开始，到进入屠宰场卸下，包括车辆设计、旅行时间、装卸时的驱赶处理等多种因素，极大地影响羊的福利。尤其是捕捉、装载、运输和卸载对动物福利和肉品质影响很大，是很容易引起应激的环节[43]，受到应激的肉羊往往表现为呼吸急促、心跳加速、恐惧不安、性情急躁、体内的营养和水分大量消耗，致使肉羊能量代谢加强，由于糖酵解作用补充能量，使得宰后肌肉中糖原和乳酸含量变化，进而影响肌肉 pH 变化速度和最终 pH，最终影响肉羊的活体重、宰后胴体重和肉品质。运输后会出现胴体擦伤、产生 DFD 肉，运输时间越长，引起的皮肤擦伤和 DFD 肉概率越大。运输时间也影响到死亡率，运输时间越长，肌糖原的消耗越大，DFD 肉增加的概率就越大。

我国地域辽阔，畜牧业发展很不均衡，导致国内肉羊长途运输很普遍，特别是从北方省份向南方省份运输，减少运输时间，避免长途运输，就近屠宰，可提高动物福利改善肉品质，提高牧民收益。夏安琪等研究发现，宰前运输后宰后羊肉 24h pH、肉色和剪切力升高，蒸煮损失下降，肌浆蛋白溶解度升高。宰前运输 1h 羊肉宰后 24h 肌原纤维蛋白质降解程度较低，宰前运输 1h、3h、6h 对羊肉食用品质造成不同程度的消极影响，宰前应尽量避免运输或运输后采用其他宰前操作使羊从运输应激中恢复[44]。Ekiz 等[45]比较了羊未运输与宰前运输 75min 后肉品质的差异，发现运输 75min 使羊肉极限 pH 升高、剪切力上升、蒸煮损失降低、肉色加深。Zhong 等[46]研究显示，8h 运输会使羊肉肉色加深，降低剪切力并产生应激激素，且不同年龄的羊表现出的反应不同。长时间运输使动物感到疲惫不堪，而短时间运输使动物在短期内遭受装载、卸载、陌生环境等多种应激[47]。Kadim 等对 3 个阿曼山羊品种进行了 2h 高温运输应激试验屠宰，与未运输的动物相比，运输对肉质指标多汁性、蒸煮损失、剪切力和颜色有负面影响[48]。

在肉羊运输装载、卸载时，羊群中出现了滑倒、摔倒、往回走、发出叫声、堵塞、后退站起、向后退等应激行为。而此时运输工人多站在肉羊的正前方，使用棍棒、叫喊、奔跑等威吓动物的方式驱赶羊群上车，这些行为直接导致肉羊宰后皮肤淤伤增加、DFD 肉比例增加、嫩度下降、色泽变暗、口感变差、血斑增加，严重影响羊肉的感官理化品质和价格。这些现象出现的主要原因是肉羊运输工人的动物福利意识差，运输福利培训缺失。而有经验的饲养员，了解羊的习性、语言温和、操作适度，可降低羊的应激反应。装载过程中的应激会最终影响肉质变化，肉羊从羊圈转移到卡车是运输过程的最关键阶段之一。但由于大部分羊圈和羊栏设计不太符合动物福利的要求，驱赶时常会发生剧烈的追赶，如上下车在车辆与地面间缺少坡道步行板，运载工具上尖锐的边缘突出及地板滑腻、没有用隔栏将羊分开造成羊机体受到伤害。

目前，我国肉羊运输过程中使用旗子、桨板等有效驱赶设备较少，多使用尖锐的铁棍、木棍和皮鞭。这些驱赶工具前端多尖锐，易造成皮肤淤伤。这些工具的使用给肉羊带来疼痛和严重应激，如增加肉羊后退、转圈、打滑、跌倒和堵塞的发生率，增加驱赶难度，导致肉羊心率升高、血乳酸增高及血点羊肉。建议政府及肉羊企业扶持和培训有技能的牧场工人，用绩效工资激励肉羊运输司机和肉羊装卸者，训练并且使用专业的操作工人和卡车司机，对其进行基本的兽医知识、伤病羊的管理和动物福利等有关知识的培训，保证司机在驾驶运输车辆中，对羊的状况进行有效监控。

三、宰前休息和入栏对羊肉品质的影响

在从养殖场到屠宰场这一段时间里，肉羊要经历禁食、驱赶、混群、上车、途中颠簸、下车等一系列过程，会产生应激反应。这些应激对于肉羊的情绪以及新陈代谢都有很大的影响。过分疲劳的肉羊在屠宰时易导致放血不净、宰后肉品质和储藏性欠佳[28]。入栏是进入等待屠宰动物的基本饲养区，也是动物在运输后可以休息的地方[49]。肉羊因长时间运输出现疲劳，入栏补水可以对其产生积极的影响。研究表明，入栏可以通过补水减少胴体的体重损失，恢复肌糖原浓度，从运输应激中恢复[50,51]。有学者认为，运输 14h 的绵羊需要至少 8h 的入栏休息才能恢复[52]。与到达屠宰场后立即屠宰的羔羊相比，经过一夜入栏休息的羔羊在屠宰时的压力较小[53]。不同入栏时间对肉质的影响因品种、年龄等因素不同而有差异，入栏时间会影响糖原浓度，从而影响最终 pH[54]。Toohey、Hopkins[55]研究表明，随着入栏时间的增加，最终 pH 会增加，这反映了糖原水平的降低。高 pH 羊肉容易产生汁液流失，在烹饪时更容易失重，流失的汁液是蛋白质早期降解引起的肌纤维蛋白流失，严重影响口感、嫩度和风味[56]。极限 pH 及其下降速率和持续时间因其与肉色、保水性、嫩度等其他品质性状的关系而被广泛应用于鲜肉品质的研究。Li Xin 等研究发现，运输后入栏 12h 可以使羔羊从运输的应激中恢复，与不运输的羔羊相比，其肉质特性相似，运输后入栏休息对大多数肉质指标没有影响，但可能通过降低糖原浓度和糖酵解电位增加羔羊的滴损失和 b^* 值[57]。

所以，在宰前一定要给肉羊充分的休息，《牛羊屠宰产品品质检验规程》（GB 18393—2001）建议肉羊宰前应进入待宰圈禁食静养 12～24h，休息期间要保持安静，保持一定的空间，保证舒适的温湿度。这样有利于恢复肉羊在运输过程中造成的疲劳和紧张，恢复肌糖原储备，便于宰后 pH 降低，迅速达到僵直，抑制微生物的繁殖，延长肉的保质期。同时，有利于放血和消除应激反应，减少肉羊体内的淤血现象，从而保证宰后的肉品质[28]。

四、宰前致晕方式对羊肉品质的影响

动物屠宰前的致晕是肉羊工业化屠宰的一个重要环节，也是动物人道主义屠宰、保护动物福利的关键环节。它是指采用物理或化学的方法使畜禽在无痛苦

或痛苦较小的状态下失去意识和知觉，并保证在后续的屠宰过程中意识不恢复的过程[58]。致晕对动物福利、胴体和肉质的影响是屠宰业最受关注的问题之一。肉羊致晕的方式可以分为 3 类：器械致晕、电击晕和气体致晕。器械致晕是指用专用高压气枪击中羊前额正中部，使其致晕。电击晕通过电流麻痹动物的中枢神经，使其晕倒，是目前使用最广泛的致晕方法。气体（CO_2）致晕是指用浓度为 $65\% \sim 85\%$ 的 CO_2 气体 $2 \sim 3min$ 麻醉肉羊，此法可减少屠宰应激和体内糖原消耗，有利于保持良好的肉品质，但成本较高，目前在我国应用较少[59]。

致晕对动物福利和肉质有显著影响，致晕参数、方式、击晕电压、电流和电击时间等因素均对致晕效果和羊肉品质有一定的影响。Leach 等通过对绵羊的试验得出结论，正确地进行电击并不是一种痛苦的经历[60]。但是，电击晕使用不当会对羊肉的色泽、持水力及嫩度等品质指标造成不良影响，进而影响胴体分级及后续加工。不当的致晕方式会对肉色、嫩度、系水力等造成不良影响。国内外学者对电击晕参数和击晕后羊肉品质进行了深入研究，电击如果不能立即致晕（如无效电击、CO_2 电击）或电击深度不够，可能会给动物带来痛苦，并导致某些部位出现骨折和血斑，与其他电击方法相比，使用永久调节电流的电击方法对动物更为友好，并产生更好的肉质，恒压法也是良好的方法之一[61]。高压电击晕能够使动物短时间内达到无知觉状态，能够满足动物福利要求，但是击晕电压过高会导致动物骨折、形成血斑等，进而影响肉品质；而低压电击晕能够在很大程度上减少对动物胴体的损伤，但是如果击晕电压过低，动物未完全昏迷或屠宰前苏醒，则会引起更为剧烈的挣扎，对肉品质产生不利影响。因此，选择合适的电击晕参数对保护羊肉品质显得尤为重要[62]。

目前，各国在法律中规定了宰前要使用电击晕。但在世界范围内，针对不同品种、年龄肉羊的电击晕参数却不明确[63]。与羊的电击晕相关的主要肉质问题是"血斑"，即肌肉中的淤血点或淤斑[64]，这可能与"过度电击晕"有关，特别是在体型较小的羊或者羔羊上。控制电流和持续时间可以减少羊肉质量问题，同时确保良好的电击晕，提高动物福利。Llonch 等人发现[65]，低至 0.3A 的电流持续 3s，可通过头部对羔羊和小山羊（体重范围 $7 \sim 16kg$）有效电击晕。而 Berg 等人发现[66]，用 0.6A 的电流 10.5s 不足以使 $10 \sim 15kg$ 范围内的羔羊昏迷，但 1.25A 电流 14s 可使商业屠宰场的有效昏迷率达到 92%。张德权等研究发现，先 600V 0.5s 后 120V 2.5s 的电击晕显著增加宰后 24h 剪切力、降低羊肉嫩度（$P < 0.05$）[32]。

本章参考文献

[1] Cathy D. Reproductive management (including impacts of prenatal stress on offspring de-

velopment）[J]．Advances in Sheep Welfare，2017：131-152.

［2］彭孝坤，胡建宏，张恩平．热应激对肉牛和肉羊生理生化指标及外周血 miRNA 表达水平的影响［J]．家畜生态学报，2018，39（3）：1-7.

［3］Hamzaoui S，Salama A A，Albanell E，et al．Physiological responses and lactationalperformances of latelactation dairy goats under heart stress conditions［J]．Journal of Dairy Science，2013，96（10）：6355 – 6365.

［4］李彬．母羊繁殖障碍的因素及处理措施［J]．畜牧兽医，2015（10）：237.

［5］陈水．母羊繁殖各阶段管理要点［J]．畜牧兽医，2015（3）：155.

［6］张松山，孙红霞．提高种公羊繁殖性能的综合措施［J]．畜牧兽医，2015（3）：155.

［7］孙占鹏，常青竹．舍饲养羊存在的问题与对策［C]//中国畜牧兽医学会养羊学分会全国养羊生产与学术研讨会议论文集，2005.

［8］吴国娟．动物福利与实验动物［M]．北京：中国农业出版社，2012.

［9］Perserpio C，Graaf C，Laureati M，et al. Impact of ambient odors on food intake，saliva production and appetite rating［J]．Physiology Behaviour，2017（174）：35-41.

［10］Vanselow B A，Krause D O，McSweeney C S. The Shiga-toxin producing Escherichia coli，their ruminant hosts and potential on-farm interventions，a review［J]．Australian Journal of Agricultural Research，2005（56）：219-244.

［11］Vas J，Chojnaki R，Kjøren M F，et al. Social interactions，cortisol and reproductive success of domestic goats（Capra hircus）subjected to different animal densities during pregnancy［J]．Applied Animal Behaviour Science，2013（147）：117-126.

［12］Saraiva L，Kondoh K，Ye X，et al. Combinatorial effects of odorants on mouse behavior［J]．PNAS，2016，113（23）：3300-3306.

［13］Ferguson D M，Bruce H L，Thompson J L，et al. Factors affecting beef quality -farm gate to chilled carcass［J]．Australian Journal of Experimental Agriculture，2001（41）：879-891.

［14］Tran M V. Behavioral reactions to novel food odors by intertidal hermit crabs［J]．Behavioral Process. 2015（113）：35-40.

［15］Pollott G E，Gootwine E. Reproductive performance and milk production of Assaf sheep in an intensive management system［J]．Journal of Dairy Science，2004（87）：3690-3703.

［16］FAO. Pastoralism in the new millennium［OL]// FAO Animal Production and Health. http：//www. fao. org/docrep/005/Y2647E/y2647e00. htm，2001.

［17］Lawrence A B，Conington J，Simm G. Breeding and animal welfare：practical and theoretical advantages of multi-trait selection［J]．Animal Welfare，2004（13）：S191-S196.

［18］Mears B D，Hickey S M，Clarke J N. Genetic and environmental factors affecting lamb survival at birth and through to weaning［J]．New Zealand Journal of Agricultural Research，2000（43）：515-524.

［19］Cathy Dwyer. The Welfare of sheep［M]．Heidelberg：Springer-Verlag，1998.

[20] SAC. Sheep lameness [OL]. www. sac. ac. uk/research/animalhealthwelfare/sheep/lameness，2002

[21] Winter A. Lameness in sheep 1 [J]. Diagnosis in Practice，2004a（26）：58-63.

[22] Winter A. Lameness in sheep 2 [J]. Treatment and Control in Practice，2004b（26）：130.

[23] Meurisse M，Gonzalez A，Delsol G，et al. Oestradiol receptor-alpha expression in hypothalamic and limbic regions of ewes is influenced by physiological state and maternal experience [J]. Hormone and Behaviour，2005（48）：34-43.

[24] Dewan A，Pacifico R，Zhan R，et al. Non-redundant coding of aversive odors in the main olfactory pathway [J]. Nature，2013，497（7450）：486-489.

[25] Mellor D J. Welfare of fetal and newborn lambs [M] //. In Diseases of Sheep（ed. I. D. Aitken），pp. 22-27. Blackwell Scientific，Oxford，United Kingdom.

[26] Jarrett I G，Packham A. Response of the sheep to sub-lethal doses of fluoroacetate [J]. Nature，1956（177）：580-581.

[27] Root C M，Ko K I，Jafari A，et al. Presynaptic facilitation by neuropeptide signaling mediates odor-driven food search [J]. Cell，2011（145）：133-144.

[28] 尹靖东. 动物肌肉生物学与肉品科学 [M]. 北京：中国农业大学出版社，2011.

[29] 顾宪红. 长途运输与农场动物福利 [M]. 北京：中国农业科学技术出版社，2010.

[30] Grandin T. Assessment of stress during handling and transport [J]. Journal of Animal Science，1997（75）：249-257.

[31] 周光宏. Lawrie's 肉品科学 [M]. 第 7 版. 北京：中国农业大学出版社，2009.

[32] 张德权. 羊肉加工与质量控制 [M]. 北京：中国轻工业出版社，2016.

[33] Fisher M，Gregory N，Muir P. Current practices on sheep and beef farms in New Zealand for depriving sheep of feed prior to transport for slaughter [J]. New Zealand Veterinary Journal，2012，60（3）：171-175.

[34] 夏安琪. 宰前管理对宰后羊肉品质的影响 [D]. 北京：中国农业科学院研究生院，2014.

[35] 孔保华，马丽珍. 肉品科学与技术 [M]. 北京：中国轻工业出版社，2004.

[36] 夏安琪，李欣，陈丽，等. 不同宰前禁食时间对羊肉品质影响的研究 [J]. 中国农业科学，2014，47（1）：145-153.

[37] Serhat Karaca，Sibel Erdogan，Dilek Kor，et al. Effects of pre-slaughter diet/management system and fasting period on physiological indicators and meat quality traits of lambs [J]. Meat Science，2016（116）：67-77.

[38] Pointon A，Kiermeier A，Fegan N. Review of the impact of pre-slaughter feed curfews of cattle，sheep and goats on food safety and carcase hygiene in Australia [J]. Food Control，2012，26（2）：313-321.

[39] Zimerman M，Grigioni G，Taddeo H，et al. Physiological stress responses and meat quality traits of kids subjected to different pre-slaughter stressors [J]. Small Ruminant Research，2011，100（2）：137-142.

［40］Daly B L，Gardner G E，Ferguson D M，et al. The effect of time off feed prior to slaughter on muscle glycogen metabolism and rate of pH decline in three different muscles of stimulated and non-stimulated sheep carcasses ［J］. Australian Journal of Agricultural Research，2006，57（11）：1229-1235.

［41］Greenwood P L，Finn J A，May T J，et al. Pre-slaughter management practices influence carcass characteristics of young goats ［J］. Australian Journal of Agricultural Research，2008，48（7）：910-915.

［42］Temple Grandin. 运输中的畜禽福利：提高动物福利有效的实践方法 ［M］. 北京：中国农业大学出版社，2014.

［43］Broom D M，K G Johnson. Stress and Animal Welfare ［M］. Kluwer，Dordrecht，The netherlands，2000.

［44］夏安琪，李欣，陈丽，等. 不同宰前运输时间对羊肉品质的影响 ［J］. 现代食品科技，2014，30（9）：230-235.

［45］Ekiz B，Ergul Ekiz E，Kocak O，et al. Effect of pre-slaughter management regarding transportation and time in lairage on certain stress parameters，carcass and meat quality characteristics in Kivircik lambs ［J］. Meat Science，2012，90（4）：967-976.

［46］Zhong R Z，Liu H W，Zhou D W，et al. The effects of road transportation on physiological responses and meat quality in sheep differing in age ［J］. Journal of Animal Science，2011，89（11）：3742-3751.

［47］Cockram M S. Criteria and potential reasons for maximum journey times for farm animals destined for slaughter ［J］. Applied Animal Behaviour Science，2007，106（4）：234-243.

［48］Kadim I T，Mahgoub O，Al-Kindi A，et al. Effects oftransportation at high ambient temperatures on physiological responses，carcass and meat quality characteristics of three breeds of Omani goats ［J］. Meat Sci. ，2006（73）：626-634.

［49］FAWC. Farmed Animal Welfare Council ［OL］// Report on the welfare of farmed animals at slaughter or killing part 1：Red meat animals，http：//www. fawc. org. uk/reports/pb8347. pdf，2003.

［50］Mounier L，Dubroeucq H，Andanson S，et al. Variations in meat pH of beef bulls in relation to conditions of transfer to slaughter and previous history of the animals ［J］. Journal of Animal Science，2006（84）：1567-1576.

［51］Warriss P D，Brown S N，Bevis E A，et al. Influence of food withdrawal at various times preslaughter on carcass yield and meat quality in sheep ［J］. Journal of the Science of Food and Agriculture，1987（39）：325-334.

［52］Knowles T G. A review of road transport of slaughter sheep ［J］. The Veterinary Record，1998（143）：212-219.

［53］Liste G，Miranda-de la Lama，G C Campo，et al. Effect of lairage on lamb welfare and meat quality ［J］. Animal Production Science，2011（51）：952-958.

［54］Ferguson D M，Warner R D. Have we underestimated the impact of preslaughter stress on meat quality in ruminants? [J]. Meat Science，2008（80）：12-19.

［55］Toohey E S，Hopkins D L. Effects of lairage time and electrical stimulation on sheep meat quality [J]. Australian Journal of Experimental Agriculture，2006（46）：863-867.

［56］顾宪红，时建忠. 动物福利与肉类生产 [M]. 北京：中国农业出版社，2008.

［57］Xin Li，An-qi Xia，Li-juan Chen，et al. Effects of lairage after transport on post mortem muscle glycolysis，protein phosphorylation and lamb meat quality [J]. Journal of Integrative Agriculture，2018，17（10）：2336-2344.

［58］王晓香，李兴艳，张丹，等. 宰前运输、休息、禁食和致晕方式对鲜肉品质影响的研究进展 [J]. 食品科学，2014，35（15）：321-325.

［59］周光宏. 肉品加工学 [M]. 北京：中国农业出版社，2008.

［60］Leach T M，Warrington R，Wotton S B. Use of a conditioned stimulus to study whether the initiation of electrical pre-slaughter stunning is painful [J]. Meat Science，1980（4）：203.

［61］Joseph P Kerry，David Ledward. Improving the Sensory and Nutritional Quality of Fresh Meat [M]. Woodhead publishing limited，2009.

［62］闫祥林，任晓镁，刘瑞，等. 不同屠宰方式对新疆多浪羊肉品质的影响 [J]. 食品科学，2018，39（17）：73-78.

［63］Drewe M Ferguson，Caroline Lee，Andrew Fisher. Advances in Sheep Welfare [M]. United Kingdom：Woodhead publishing，2017.

［64］Gregory N G. Animal Welfare and Meat Production [M]. CAB International，Wallingford，Oxon，2007.

［65］Llonch P，Rodriguez R，Casal N，et al. Electrical stunning effectiveness with lambs and kid goats current levels lower than 1 A in lambs and kid goats [J]. Res. Vet. Sci.，2015（98）：154-161.

［66］Berg C，Nordensten C，Hultgren J，et al. The effect of stun duration and level of applied current on stun and meat quality of electrically stunned lambs under commercial conditions [J]. Anim. Welf.，2012（21）：131-138.

第六章

肉羊福利的经济评估与产品营销

第一节　肉羊生产中引入动物福利的经济意义

农场动物福利养殖模式以及人道屠宰和运输等在促进畜牧业健康发展，推动转方式、调结构和产业升级，保证人类和动物健康，实现环境友好和国际贸易等方面具有重要经济意义。

一、有利于降低动物疫病发生风险，减少养殖业经济损失

我国养殖业每年在防疫和兽药上投入巨大，但动物疫病防控形势依旧严峻。动物疫病一方面造成我国养殖业每年数千亿元的直接经济损失，另一方面与畜禽生产力、产品质量安全、环境污染等问题存在盘根错节的关系，成为我国养殖业健康发展的严重掣肘。此外，动物疫病还与公共卫生安全息息相关。研究表明，70%的动物疫病可传染给人类，75%的人类新发传染病来源于动物或动物源性食品。实践证明，提高农场动物的福利水平是科学防疫理念的重要组成部分。解决动物疫病问题，治标更要治本。农场动物福利养殖模式能从根本上提高动物的体质和自体免疫力，减少动物的应激反应，从而降低疫病发病率，避免饲群的暴发式发病和死亡，减少因疫病导致的严重经济损失。世界上大多数动物传染病非疫区国家，往往也是动物福利水平较高的国家，如丹麦、挪威和澳大利亚等。

二、有利于保障动物源性食品的质量安全，促进人类健康

动物源性食品在整个生产销售过程中，如畜禽养殖、环境控制、投入品使用、疫病控制、运输和屠宰加工等各环节均存在影响畜产品安全的因素。如对于规模化肉羊养殖场，常常伴有高密度以及管理机械化问题。一方面，这限制了肉羊的行为自由，抑制了肉羊的生物学特性；另一方面，给环境卫生、温湿度调控以及通风换气带来难度，影响了肉羊的生长发育。研究表明，集约化生产环境虽然提高了养殖数量，肉品品质却不理想。在饲料方面，传统的自配饲料不能提高

肉羊的生产潜力，一部分营养随粪便排出造成了污染。有些养殖场为节约成本过度地饲喂粗料，精料在使用上受到限制，使肉羊生产性能降低，尤其是繁殖能力远远低于市场平均水平。此外，滥用抗生素、激素等违禁药物，致使有害物质超标和残留，也给人类健康带来威胁[1]。而在肉羊运输环节，由于运输途中的温湿度、密度、道路、时间及肉羊的休息和饮水过程处理不当，也会发生应激反应，从而造成严重失水、肉质下降；在运输途中出现羊群内的打斗行为，则可导致肉羊屠宰后胴体出现DFD（黑干肉）或PSE（白肌肉）肉质[2]。动物福利所倡导的人道屠宰就是减少或降低动物压力、恐惧和痛苦的宰前处置和屠宰方式，减少屠宰前应激的策略将有利于胴体和肉质，成为提高动物福利最具成本效益的政策之一[3]。发达国家的实践也充分表明，农场动物福利措施是提高养殖业全产业链质量控制能力、保障动物源性食品质量安全不可或缺的重要内容。因此，解决动物源性食品质量安全问题关键是实施全产业链质量控制，包括相应的动物福利措施，从而提高动物源产品的附加值，实现产品的市场溢价，提高产业经济效益。

三、有利于减少环境污染风险，降低环境治理成本

我国养殖业粪污和死淘畜禽管理不善的情况依然比较普遍。规模化畜禽养殖场治理率与粪污资源化利用率仍然偏低。散养户、小型养殖场粪污归田虽然在一定程度上减轻了污染，但一旦超过了环境的消纳能力，造成慢性蓄积性作用的后果往往更为严重。养殖业环境治污，既要完善并落实国家相关法律法规及标准体系，更要增加养殖户治污的主动性。一方面努力让治污收益高于治污成本，另一方面使其愿意主动承担治污责任。一些发达国家通过营造良好的农场动物福利环境，使福利养殖带来的经济效益、生态效益和健康效益等得到养殖业的集体肯定，福利养殖产品也获得了消费者的青睐。养殖户、消费者均摊了治污和改善饲养环境的成本，使得环境污染问题得到有效解决，也减轻了政府负担。这种通过发展农场动物福利，促进养殖户主动改善饲养环境，落实无害化处理措施，从而解决养殖业环境污染问题的举措，值得我国学习与借鉴。

第二节　农场动物福利经济属性衡量体系构建

一、农场动物福利的概念与内涵

关于动物福利的概念，国内外学者与国际动物保护组织阐述了其不同的理解。Fraser和Broom认为，动物福利是其个体试图适应环境时的一种身体和精神状态[4]。Brambell认为，动物福利包括动物生理和精神两个方面的需求[5]。世界动物卫生组织（OIE）将动物福利定义为是动物的一种生存状态，良好的动物福利状态包括健康、舒适、安全的生存环境，充足的营养，免受疼

痛、恐惧和压力，表达动物的天性，良好兽医诊治、疾病预防和人道的屠宰方法。世界动物保护协会强调动物是有感知的，动物福利就是反对虐待动物。各国学者和组织对动物福利的理解并未形成统一的概念，但存在一个共同点，就是保障动物健康、反对虐待动物、人与动物和谐相处。

目前，国际公认的动物福利评价准则：提供新鲜饮水和日粮，以确保动物的健康和活力，使它们免受饥渴；提供适当的环境，包括庇护处和和安逸的栖息场所，使动物免受不适；做好疾病预防，并及时诊治患病动物，使它们免受疼痛、伤害和病痛；提供足够的空间、适当的设施和同种伙伴，使动物自由地表达正常行为；确保提供的条件和处置方式能避免动物的精神痛苦，使其免受恐惧和苦难。

农场动物福利是动物福利中的一部分。结合各国学者和组织对动物福利概念的理解和国际动物福利评价准则，农场动物福利即为农场动物的一种良好生存状态，包括充足的食物、舒适的饲养环境、疾病的预防和诊疗以及适当的行为表达。

二、农场动物福利经济属性衡量体系构建

如果一件物品从生产者角度来看获取是需要成本的，而从消费者角度来看，愿意为其支付一定的货币以获得相应效用，便可认定其具有经济属性。那么，农场动物福利是否具有经济属性，就要看农场动物饲养过程中良好的动物福利标准是否以一定的效用形式附属于动物产品中。简而言之，就是看按照动物福利标准养殖的农场动物的纯收益（消费者支付的货币减去生产者投入的成本）是否大于普通养殖方式。为回答这个问题，首先要厘清动物福利标准养殖的成本增加状况和动物产品效用附属情况。

按照《农场动物福利要求 肉用羊》，农场动物福利标准养殖需在饲喂和饮水、养殖环境、养殖管理、健康计划、运输和屠宰各个环节达到《农场动物福利要求》标准。而这个达标的过程势必会改变动物养殖的成本收益结构。具体变化情况如表 6-1 所示。

表 6-1 农场动物福利养殖成本收益情况

养殖环节	成本增加情况	动物产品效用附属情况
饲喂和饮水	饲料成本 c_1 ↑ 饮用水供给成本 c_2 ↑	食品安全风险 v_1 ↓
养殖环境	固定资产投入成本 c_3 ↑	食品品质 v_2 ↑
养殖管理	人工成本 c_4 ↑	标准化生产 v_3 ↑
健康计划	防疫成本 c_5 ↓	品牌 v_4 ↑
运输和屠宰	设施、设备、人工成本 c_6 ↑	
合计	C	V

　　与普通养殖相比，第一，动物福利标准养殖饲喂和饮水环节对日粮的成分、饲喂量、饲喂方式及清洁饮水的充分供给要求更高。例如，日粮的营养供给在不同生理阶段始终维持良好身体状况的需求量、变更饲草料和饲喂量应满足 7d 以上过渡期、特定比例的饮用水位配备等，这些细化的饲喂要求势必会增加饲料成本和饮用水供给成本。第二，动物福利养殖环境标准要求更高。例如，足够的活动空间、一定比例的运动场、舒适的休息区域、适宜的温湿度、有效的通风和照明充分满足动物习性的环境等，这将增加饲养的固定资产投入成本。第三，动物福利养殖管理更加人性化。例如，羊场应将不认羔羊的母羊赶入母仔栏单独饲养，确认母仔相认后方归入大群；对舍饲公母种羊每年进行 2 次修蹄，预防跛足；不定期检查、维修栏舍，随时预防动物受伤等。对管理人员的专业性要求更高，要求投入的精力更多，人工成本更高。第四，健康计划。由于良好的饲养环境和人性化的管理水平能有效降低农场动物的发病率和死亡率，因此，可有效降低健康计划中的疫病防控成本。第五，运输和屠宰。动物福利运输和屠宰符合伦理要求，尽可能减少动物的疼痛、恐惧和压力，为此也会增加相应的设施、设备和人工成本。而福利养殖的动物产品效用最终附属在肉品上，表现为降低了食品安全风险，增加了食品品质，形成了标准化生产模式，奠定了品牌化基础。因此，当福利养殖动物产品效用附属价值 V 大于等于动物福利养殖成本增加值 C 时，农场动物福利便存在经济属性，即 $V \geqslant C$，其中

$$V = v_1 + v_2 + v_3 + v_4, C = c_1 + c_2 + c_3 + c_4 + c_5 + c_6$$

　　按照《农场动物福利要求　肉用羊》，动物福利养殖成本增加值 C 必然存在，要想始终保持农场动物福利的经济属性，则需要尽可能多地增加福利养殖动物产品效用附属价值 V，即尽可能多地将食品安全、品质、品牌等福利养殖效用转化成市场价值，实现优质优价。

第三节　福利养羊案例分析

一、富川福利养殖基本情况

　　内蒙古富川饲料科技股份有限公司国家肉羊产业化循环经济科技示范园，斥资 1.2 亿元，占地面积约 68hm²。园区以优质种羊培育、推广，生产高端羊肉，打造国家种羊场、全国第一羊肉品牌为目标；以农牧林绿色生态发展、动物福利养殖为亮点；以引领农牧民共同创业为抓手；以突出科技创新、支持返乡创业、精准扶贫为基点，实现现代农业和现代畜牧业的有机结合和良性循环发展。目前，园区集优质种羊培育推广、肉羊养殖、有机肥生产、林下经济、订单农业为一体，体现了全程机械化作业，创造了育肥羊 5 月龄内出栏和厂区

无异臭等先例，治理了沙漠环境，开创了绿色生态养殖的新局面。

富川福利养殖的特色主要体现在以下方面：

（一）养殖场环境方面

羊只的活动区和休息区建设标准起点比较高，其中每只母羊的休息区域的面积为 $3.3m^2$，活动区域的面积为 $6.6m^2$；每只育肥羊的休息区域和活动区域面积分别为 $2.7m^2$ 和 $5.5m^2$，均已经达到了福利养殖的标准。活动区栽种柳树，为羊只的遮阳起到了一定的作用。圈舍地面采用土质地面（40cm 黄沙），能够更有效地增加羊只表达天性的空间和方式。在空气质量方面，养殖场的圈舍为半开放式，空气流通较好，无有毒有害气体超标。在温湿度方面，养殖场在夏季采取喷淋措施降低温度、提高空气湿度，有效提高空气的适宜程度。

（二）饲喂和饮水方面

在精饲料方面，羊场采用集团公司自己生产的饲料，在安全和可追溯性方面得到了有效保障，饲料无发霉、变质、过期现象。在羊群的各个饲养阶段采用不同营养配方的饲料，符合羊只的生理需求。在粗饲料方面，羊场采用高标准的全株青贮、羊草、花生秧、苜蓿、粉碎秸秆等混合粗饲料，尽可能多地满足羊只对粗饲料的需求。在饮水方面，养殖场采用的是深水地下井，水质检测合格，全天提供饮水。饮水中会阶段性地添加黄芪、电解多维等，以达到补充维生素和增强抵抗力的效果，并针对药物添加有严格的管理办法和措施。

（三）养殖管理方面

羊场管理者接受过有关动物福利知识的培训，掌握动物健康和福利方面的专业知识，并在管理过程中熟练运用。羊场饲养人员熟练掌握动物健康和福利养殖方面的基本知识，并在实际操作过程中有效应用。羊只日常管理严格按照动物福利要求，羊只各个养殖阶段的养殖管理办法衔接良好。

（四）健康计划方面

羊场按要求制订兽医健康和福利计划，包括生物安全、疫病防控、药物使用及残留控制、病死羊及废弃物无害化处理等。由于羊场的福利状况较好、运动场所空间较大、管理人员素质较高、管理水平较好，养殖场羊只的各项指标良好、发病率低、死淘率低。

（五）运输和屠宰方面

符合伦理要求，尽可能减少动物的疼痛、恐惧和压力，实施人道屠宰。

二、富川福利养殖动物产品特点

按照动物福利养殖标准，富川对影响羊肉品质的 5 个环节进行全方位控制，实现从饲草料种植→饲草料加工→肉羊养殖→屠宰加工→有机肥生产的全产业链循环经济发展模式，确保羊肉的营养指标和卫生安全。

富川福利养殖的童子羊肉具有以下特征：一低（胆固醇低）、两小（膻味小、月龄小）、三高（硒含量高、脂肪酸高、瘦肉率高）、四优选（100 只羔羊中经 4 次体检优选后能成为童子羊的仅为 37％左右）、五保障（溯源、卫生安检、屠宰加工、储藏运输、直销渠道有保障），良好地展示了福利养殖效用在动物产品上的体现。

三、富川福利养殖经济效益评价

调查显示，富川童子羊养殖成本收益与普通企业养殖存在较大差异：

（1）饲料成本增加了 300～400 元/t。普通企业平均饲料成本 1 800 元/t，而富川饲料成本约为 2 150 元/t。

（2）饲养环境成本增加了 5％。普通企业每只羊的饲养环境成本约为 280 元，而富川每只羊的饲养环境成本约为 294 元。

（3）管理成本为 13 元/只，普通养殖管理成本为 10 元/只。

（4）防疫成本为 6 元/只，普通养殖防疫成本为 10 元/只。

（5）提前 15d 出栏，饲料节约 8％。普通企业饲养一只肉羊的饲料成本约为 500 元，而富川童子羊的饲料成本约为 549 元。

（6）童子羊胴体售价 25 元/kg，普通羊胴体售价 9.3 元/kg。

（7）童子羊成功饲养率 37％。

因此，富川肉羊福利养殖与普通企业养殖的经济效益对比分析见表 6-2。

表 6-2　富川肉羊福利养殖与普通企业养殖的经济效益对比分析

项　　目	富川企业		普通企业
肉羊类型	普通肉羊	童子羊	普通肉羊
出栏量（只）	63	37	100
投入			
饲料成本（元/只）	549	549	500
防疫费（元/只）	6	6	10
管理成本（元/只）	13	13	10
环境成本（元/只）	294	294	280
总成本（元/只）	862	862	800
产出			
售价（元/kg）	9.3	19.8	9.3
屠宰率（%）	48	48	48
产品售价（元/只）	893	1 900.8	893
副产品售价（元/只）	40	40	40
总收入（元/只）	933	1 940.8	933
总利润（元/只）	71	1 078.8	133
企业平均利润（元/只）	443		133

注：以企业 100 只羊为养殖单位进行对比分析；肉羊按 50kg 出栏计算；童子羊肉市场售价为 25 元/kg，其中存在包装、分割、运输等费用约为 5.2 元/kg。

表 6-2 数据显示，富川肉羊福利养殖的平均成本约为 862 元/只，普通企业约为 800 元/只，福利养殖比普通养殖的成本高出约为 7.75%。富川福利养殖的平均利润为 443 元/只，普通企业约为 133 元/只，福利养殖比普通养殖的利润高出 255.56%。富川福利养殖的经济效益十分可观，福利养殖的经济属性十分显著。

进一步分析富川福利养殖经济属性显著的原因，主要在于：福利养殖动物产品（童子羊肉）实现了"优质优价"。倘若富川的福利养殖产品没有在市场中实现差异化，那么富川的羊肉售价需达到 9.95 元/kg，即比市场价（9.3 元/kg）高出 5.8%，才能保障福利养殖不亏本。

农场动物福利养殖要求在生产养殖及屠宰过程中给予动物更多的关怀，而农场动物的价值最终将主要体现在动物产品（即肉类）中。因此，如何将福利养殖的动物产品与普通养殖的动物产品进行区分，提高福利养殖动物产品的食品档次，提升福利养殖动物产品的市场价值，促进消费者对福利养殖动物产品进行溢价支付，是我国未来农场动物福利养殖可持续发展的内生动力。

第四节　动物福利产品的品牌与营销

消费者对高福利食品的需求是引入更高福利标准的重要方法，这可能比立法更重要。如果消费者愿意为某种事物特定的属性支付更多费用，且这个属性如果可以通过商标品牌等轻松识别，就可以作为实现变革的强大市场信号。不同地区牛羊肉具有独特的品种特点、地域特征和文化内涵，蕴藏着巨大的品牌价值。如果在此基础上再植入动物福利的属性，那么，对进一步提升牛羊肉的品牌影响力、满足消费者对高品质牛羊肉需求具有更重要意义。目前，一些地方虽然涌现出一批在全国有一定知名度的企业品牌，如内蒙古的蒙羊、小尾羊、锡林郭勒肉业、吉祥狼族肉业等，其品牌的牛羊肉得到了消费者的认可，但缺乏区域公用品牌。区域公用品牌是一种公共背书，解决的是品牌的共性认知问题，如产地环境、加工工艺、品种特色、文化传承等，企业品牌解决的是品牌的个性化、差异化认知问题。应以区域公用品牌为引领，推动企业建立自己的品牌，形成"母子品牌模式"，才能进一步扩大内蒙古草原优质牛羊肉的品牌影响力。

农产品区域品牌的价值分 4 个层次，从低到高为产品价值、产地价值、产业价值和文化价值。消费者认可层级越高，产品价值感也越高。结合打造内蒙古牛羊肉高端品牌，要从产品、产地、产业和文化 4 个方面明确品牌价值定位。

一、培育产品价值

农产品价值的核心品种，内蒙古纯天然、无污染的大草原孕育了优质的牛羊品种，如乌珠穆沁羊、苏尼特羊、巴美肉羊、昭乌达羊、三河牛等，产出肉制品蛋白质含量高、脂肪低、氨基酸种类多、功能性成分丰富，深受国内消费者的欢迎。这是打造内蒙古高端牛羊肉品牌的重要基础。因此，一方面，要挖掘、保护与利用好内蒙古优质地方品种，开展优良畜种肉制品精深加工及功能性开发，加强牛羊肉产品地理标识运行管理，使纯天然优质牛羊肉产品质优价更优；另一方面，要扩大国外优质畜种进口，开展纯种繁育、本土驯化，建立规模化繁育基地，直接纯种繁育并利用现代繁育手段迅速扩大数量，提供市场所需的优质牛羊肉产品。培育产品价值还要加强牛羊肉质量追溯体系建设，使消费者能够利用二维码"身份证"信息追溯到这块肉从出生牧场、到加工企业、再到运输公司等任一环节的责任方，既确保产品质量，又体现产品的价值。

二、厚植产地价值

内蒙古草原面积约 90 万 km²，可利用草场近 70 万 km²，拥有呼伦贝尔、锡林郭勒、科尔沁、乌兰察布、鄂尔多斯和乌拉盖 6 个著名大草原，形成了以呼伦贝尔羊和乌珠穆沁羊为主导品种的东北肉羊产业带，以乌珠穆沁羊和苏尼特羊为主导品种的锡林郭勒草原肉羊产业带和以巴美羊、经济改良羊为主导的沿黄肉羊产业带。草原土质肥沃、降水充裕，牧草种类繁多、草质优良，饲养的家畜营养价值与保障作用具有独特性。草原牧区生态友好、人与动物协调发展的养殖方式是内蒙古牛羊肉产地价值的集中体现，为实现牛羊肉优质优价提供了良好的产地环境。

三、提升产业价值

通过践行动物福利理念，从养殖环境改造、饲养过程采用动物福利技术、优化饲草供给与配方、完善疫病防控体系、推行人道屠宰、加强产品加工分级包装等环节落实动物福利与健康养殖的相关技术措施，有效提升内蒙古牛羊肉的产业附加值，同时也要完善基于草畜平衡的放牧系统，加强冬季饲草供给与保温、疾病防控等措施，提升传统草地畜牧系统活力。

四、挖掘文化价值

内蒙古独特的草原文化是中华文化的重要组成部分。品草原牛羊肉美味，观"风吹草低见牛羊"的草原人文景观，已经成为草原旅游的重要组成部分。

在此基础上，还要讲好动物福利品牌的故事，构建"信任性品牌（安全与品质）＋情感性品牌（人文关怀）＋象征性品牌（高的生活品味）"的品牌文化体系，将牛羊肉产品赋予草原文化价值与人文关怀，体现人与自然的和谐共生，对于打造品牌具有长远意义。

第五节　提升肉羊福利养殖经济效益的政策建议

农场动物福利的改善不仅是社会伦理的要求，也与肉质安全息息相关。在发达国家日益加强对农场动物福利规制的背景下，我国也应该对此有所思考。由于农场动物养殖的最终目的在于其经济价值，因此，改善农场动物福利的最直接且根本的动力也应来自市场的激励。消费者对农场动物福利经济属性的认同，不但有利于动物福利政策的制定与推进，还可以激励相容机制促使生产者行为改变。因此，对农场动物福利养殖的发展提出以下建议：

一、加强消费者对农场动物福利的认知

我国消费者对动物福利的认知尚不充分，而动物福利认知会影响消费者对农场动物福利产品的支付意愿。通过加强消费者对农场动物福利的认知，提升消费者对动物福利的关注，可从市场支付层面给予农场动物福利改善更多的支持，从而增加农场动物福利养殖方面的政策诉求。

二、完善动物福利差异的有效甄别机制

在加强消费者对农场动物福利认知的前提下，通过构建农场动物福利认证体系，创造条件使农场动物福利属性进入市场，使消费者有效甄别，实现动物福利产品市场差异化，提高动物福利产品的市场价值，减少肉类市场上"劣币驱逐良币"的现象，让农场动物福利产品质量高、口碑好、卖得俏。探索建立农场动物福利产品的认证制度、可追溯制度，维护消费者知情权和选择权。充分发挥动物福利产品的经济属性，促进农场动物福利养殖自发性发展。

三、加强动物福利养殖技术研发与推广工作

推动现有规模养殖向福利养殖转型，关键是需要形成一整套福利养殖的技术体系。与国际上一些动物福利水平较高的国家相比，国内目前这方面的研究工作更显不足。需要通过国家项目的支持与研发投入的增加，加强福利养殖方面技术支撑体系建设以及推广。特别是加大不增加企业养殖成本前提下的福利养殖方面的技术研发工作，探索建立一套符合我国畜牧业生产实际与资源禀赋条件的动物福利技术支撑体系，提高实施农场动物福利的经济可行性。

四、培育福利养殖新型经营主体

养殖企业通过转型实施动物福利保护措施的根本动力来自于利润的增加。只有通过生产动物福利产品，实现差异化产品生产销售，才能确保因实施动物福利措施带来成本增加的同时，能通过产品的优质优价保证相应的利润水平。但其基本前提是，养殖主体需熟练掌握农场动物福利的知识、技术和标准。因此，有必要通过培训、示范等方式，发挥龙头企业的示范带动作用，积极培育多种类型的福利养殖新型经营主体。

本章参考文献

［1］何明福，王贤，何远.浅析畜产品兽药残留的危害及影响［J］.养殖与饲料，2008（11）：95-98.

［2］汪长城，李雪峰.如何避免畜禽运输应激诱发重大动物疫病［J］.当代畜禽养殖业，2013（9）：16-17.

［3］Velarde A，Fàbrega E，Blanco-Penedo I，et al. Animal welfare towards sustainability in pork meat production［J］. Meat Science，2015（109）：13-17.

［4］Fraser D，Broom D B. Farm Animal Behavior and Welfare［M］. Oxon：CAB International，1990：3-15.

［5］Brambell F W R. Report of the technical committee to enquire into the welfare of animals kept under intensive husbandry systems［M］. London：HMSO，1965.

附　录

中国标准化协会标准　T/CAS

STANDARDS OF CHINA ASSOCIATION **242—2015**

FOR STANDARDIZATION

农场动物福利要求　肉用羊

Farm Animal Welfare Requirements: Mutton Sheep

2015-11-10 发布

索引号

T/CAS 242—2015（C）

前　言

中国标准化协会（CAS）是组织开展国内、国际标准化活动的全国性社会团体。制定中国标准化协会标准（以下简称：中国标协标准），满足企业需要，推动企业标准化工作，这也是中国标准化协会的工作内容之一。中国境内的团体和个人，均可提出制、修订中国标协标准的建议并参与有关工作。

中国标协标准按《中国标准化协会标准管理办法》进行管理，按 CAS 1.1《中国标准化协会标准结构及编写规则》的规定编制。

中国标协标准草案经向社会公开征求意见，并得到参加审定会议的 75％以上的专家、成员的投票赞同，方可作为中国标协标准予以发布。

考虑到本标准中的某些条款可能涉及专利权，中国标准化协会不负责对任何该类专利权的鉴别。

本标准首次制定。

附录 A 为资料性附录。

在本标准实施过程中，如发现需要修改或补充之处，请将意见和有关资料寄给中国标准化协会，以便修订时参考。

引　言

0.1　总则

为了保障动物源性食品的质量、安全和畜牧养殖业的良性可持续发展，填补我国农场动物福利标准的空白，特制定本标准。

本标准基于国际先进的农场动物福利理念，结合我国现有的科学技术和社会经济条件，规定了农场动物健康福利生产及加工要求。

本标准为农场动物福利要求中肉用羊的养殖、剪毛（绒）、运输、屠宰及加工全过程要求。

0.2　基本原则

动物福利五项基本原则是农场动物福利系列标准的基础。

a) 为动物提供保持健康所需的清洁饮水和饲料，使动物免受饥渴；

b) 为动物提供适当的庇护和舒适的栖息场所，使动物免受不适；

c) 为动物做好疾病预防，并给患病动物及时诊治，使动物免受疼痛和伤病；

d) 保证动物拥有避免心理痛苦的条件和处置方式，使动物免受恐惧和精神痛苦；

e) 为动物提供足够的空间、适当的设施和同伴，使动物得以自由表达正常的行为。

农场动物福利要求　肉用羊

1　范围

本标准规定了肉用羊的福利养殖、剪毛（绒）、运输、屠宰及加工要求。本标准适用于肉用羊的养殖、剪毛（绒）和运输、屠宰及加工过程的动物福利管理。

2　规范性引用文件

下列文件对于本文件的应用是必不可少的。凡是注日期的引用文件，仅注日期的版本适用于本文件。凡是不注日期的引用文件，其最新版本（包括所有的修改单）适用于本文件。

GB 2707　鲜（冻）畜肉卫生标准

GB 2761　食品安全国家标准　食品中真菌毒素限量

GB 2762　食品安全国家标准　食品中污染物限量

GB 2763　食品安全国家标准　食品中农药最大残留限量

NY/T 1168　畜禽粪便无害化处理技术规范

NY/T 5027　无公害食品　畜禽饮用水水质

3　术语和定义

下列术语和定义适用于本文件。

3.1

动物福利　animal welfare

为动物提供适当的营养、环境条件，科学地善待动物，正确地处置动物，减少动物的痛苦和应激反应，提高动物的生存质量和健康水平。

3.2

农场动物　farm animal

用于食物生产，毛、绒、皮加工或者其他目的，在农场环境或类似环境中培育和饲养的动物。

3.3

农场动物福利　farm animal welfare

农场动物在养殖、运输、屠宰过程中得到良好的照顾，避免遭受不必要的惊吓、疼痛、痛苦、疾病或伤害。

3.4

环境富集　environmental enrichment

对农场动物的圈舍进行有益改善。即在单调的环境中提供必要的设施、材料或器具，供其探究玩耍，满足动物表达其生物习性和心理活动的需要。使动物的心理和生理达到健康状态。

3.5

异常行为　abnormal behavior

当羊的心理或生理自然属性未得到满足或受到伤害时，所表现的一类重复且无明显目的的行为。

3.6

人道屠宰　humane slaughter

减少羊的应激、恐惧、痛苦和肢体损伤的宰前处置和屠宰方式。

3.7

放牧生产系统　grazing production system

肉用羊在放牧场所自由活动，自由采食、饮水和庇护场所的养殖系统。

3.8

舍饲生产系统　housing production system

肉用羊在棚舍集中饲养、完全依赖于人类每天提供基本需要，饲草（料）和饮水的养殖系统。

3.9

半舍饲生产系统　semi-housing production system

兼有舍饲系统和放牧系统的肉用羊养殖方式。

4　饲喂和饮水

4.1　饲喂

4.1.1　羊场使用的饲草（料）和饲料原料应符合国家相关法律法规和标准的要求。

4.1.2　羊场购入的饲料，应有供方饲料原料成分及含量的文档记录；自行配料时，应保留饲料配方及配料单，饲料原料来源应可追溯。

4.1.3　羊场不得使用变质、霉败或被污染的饲草（料），禁止使用乳品以外的动物源性饲料。

4.1.4　羊场应根据羊群品种特性和不同生理阶段提供符合其营养需要的日粮，并且达到维持良好身体状况的需要量。

4.1.5　饲料中应有足够的纤维性物质供羊只反刍，日粮中粗饲料占比不宜少于60%。

4.1.6　羊场应避免饲草料种类和饲喂量的突然改变，如需变更应逐步过渡，过渡期应在7d以上。

4.1.7　舍饲生产系统采用料槽饲喂方式：

——料槽应有足够的空间，应考虑羊的个体大小和数量以及有无角，以满足羊只采食需要；

　　——料槽内应有充足的饲料满足羊只自由采食的需要，以最大限度地减少争抢。

4.1.8　季节、气候、放牧场所适宜时，应以放牧生产系统为主。放牧时应采取有效措施避免羊只采食有毒、有害植物。

4.1.9　采用放牧生产系统，应充分考虑草地载畜量，合理分配草场资源以满足羊只的营养需要；在冬春季节以及草场无法满足羊只保持体况的情况下，应适量补饲。

4.1.10　饲喂设备的设计、安装和维护应避免饲料被污染的风险。

4.1.11　羊场应保持饲喂设备的清洁，及时清理剩余饲料，防止残余饲料的腐败变质。

4.1.12　羊场应采取措施防止饲料储藏过程中的污染、腐败变质。

4.1.13　羊场不应使用以促生长为目的非治疗用抗生素，不得使用激素类促生长剂；对于加药饲料的使用应明确标识并记录。

4.1.14　肉用羊上市前应严格执行休药期的相关规定。

4.2　饮水

4.2.1　羊场应每天连续向所有羊只提供充足、清洁、新鲜的饮用水（除主治兽医师医嘱外）。饮用水质应符合 NY/T 5027 标准的要求。

4.2.2　舍饲生产系统中，每 20 只羊应至少配备一个饮水位。

4.2.3　应根据不同的饲料、年龄和生理阶段，确保所有羊只随时有足量的饮用水可饮用。

4.2.4　放牧生产系统条件下，若无天然水源应设置饮水设施。

4.2.5　饮水设施的设计应预防羔羊溺水。

4.2.6　放牧生产系统中，应确保供水设施或水源地能够提供充足、干净、新鲜的饮用水。若使用天然水源，应对潜在疾病风险进行评估。

4.2.7　所有饮水设备均应保持清洁，供水系统应定期维护和消毒。

4.2.8　羊场应有应急供水措施，以便干旱或冰冻等原因造成正常供水中断时使用。

4.2.9　在饮水中需添加药物或抗应激剂时，应使用专用设备，并做好添加记录。

5　养殖环境

5.1　羊舍与设施

5.1.1　羊场建设应符合国家相关法律法规和标准的要求。

5.1.2　羊场建设的规划设计，应考虑总面积及其羊只数量、年龄、体重、防潮、通风、采食空间、饮水空间、垫料面积等与动物福利相关的要求。

5.1.3　应为放牧生产系统的羊只设置遮盖棚，以保证恶劣气候条件下羊只的安全。

5.1.4 羊舍及舍内设施设备应使用无毒无害的材料。

5.1.5 羊舍应保温隔热，地面和墙壁应易于清扫、消毒。

5.1.6 羊舍噪声不应超过 70dB。

5.1.7 羊场内的电器设备、电线、电缆应符合相关规范，且有防护措施防止羊只接近和啮齿类动物的啃咬。

5.1.8 羊群使用的食槽、草架、栅栏、羊圈门、地面等所有与羊只接触面，应避免尖锐的边缘和突起伤害羊只。

5.1.9 羊场应建立废弃物无害化处理设施，并保证其正常运转。

5.1.10 羊场应设有弱、残、伤、病羊只特别护理区，并与其他羊舍隔开。

5.2 饲养密度

5.2.1 应为羊只提供足够的活动空间。羊舍内休息区域的空间应能保证所有羊只同时起卧。

5.2.2 羊只最小空间需要量见表 1。

表 1 羊只最小空间需要量表

种类和体重（kg）	总面积（m²/只）
母羊	
45～60	1.7～1.8
60～90	1.8～2.1
羔羊围栏	2.3
怀孕 2 周以内母羊	
45～60	2.0～2.6
60～90	2.1～2.7
怀孕 6 周以内母羊	
45～60	2.7～3.0
60～90	3.0～3.3
初生羔羊	
2 周龄	0.15
4 周龄	0.4
育成羊	
20～30	1.1
30～40	1.2
40～50	1.5
公羊	2.3～3.0

5.2.3 应为羊只提供运动场所，场所面积应为圈舍面积的 2.5 倍以上。

5.3　休息区域/地面

5.3.1　应为羊只提供干燥、舒适的休息区域。

5.3.2　应为羊只休息区域提供卫生、舒适、充足的垫料，并保证及时补充、定期更换。

5.3.3　应设置专门的排污区域，休息区域的地面应向排污区倾斜。

5.3.4　室外饲养场所应保持干燥、排水良好。

5.4　温、湿度与通风

5.4.1　羊场应保持适宜的羊舍温度，不应过冷或过热，以避免羊只产生应激反应。

5.4.2　羊舍温度夏季不宜超过 30℃，冬季不宜低于－15℃。各类羊群适宜的圈舍温度范围见表2。

表2　各类羊群适宜的圈舍温度范围表

各类圈舍	适宜温度范围（℃）
公羊舍	15～21
母羊舍	15～21
产羔舍	18～23
育　肥	18～24

5.4.3　羊舍应有效通风，舍内相对湿度宜在 30％～60％。避免高湿、冷凝水和贼风。

5.4.4　羊舍应保持良好的空气质量，舍内的氨气浓度应不超过 $25mg/m^3$，二氧化碳浓度应不超过 $1\,500mg/m^3$。

5.5　照明

5.5.1　羊舍应配备足够的照明设备（固定或便携的），设备应能正常运行并定期检查和维护。

5.5.2　羊场宜采用自然光照。使用人工照明时，羊只头部水平位置的照度为 100lx。每天至少6个小时的连续黑暗或低水平光照以便羊只休息。

5.6　围栏/隔断

5.6.1　羊场安装的围栏与饲喂隔断不应对羊只造成皮肤划伤或头、角夹卡等伤害。

5.6.2　羊场使用的电围栏应为安全电击，不应使羊只产生过度不适。

5.6.3　应适时检查和维护所有围栏和隔断。

5.7　粪污处理

5.7.1　羊场应有废弃物处理方案，并对羊场废弃物进行无害化处理，避免污染环境，防止疾病传播。

5.7.2 集约化羊场应有专门的堆粪场及粪便处理设施，应按 NY/T 1168 标准的要求及时处理粪污。

5.8 环境富集与行为

5.8.1 为减少羊只异常行为的发生，羊场宜提供必要的设施、材料或器具以满足环境富集的要求。

5.8.2 草场环境适宜时，应采用放牧生产系统的养殖方式，以满足羊群的生物习性。

5.8.3 应为母羊和羔羊提供母仔相处的条件，以满足羊只天性表达。

5.8.4 羊场应记录羊只的异常行为，对于重复出现的情况应予以分析，并及时采取改善措施。

6 养殖管理

6.1 人员能力

6.1.1 羊场管理者应接受过有关动物福利知识的培训，掌握动物健康和福利方面的专业知识，并了解本标准的具体内容且在其管理过程中熟练运用。

6.1.2 羊场饲养人员应接受过有关动物福利基础知识的培训，掌握动物健康和福利养殖方面的基本知识，并掌握本标准的具体内容且在其操作过程中有效应用。

6.2 日常管理

6.2.1 哺乳应注意以下事项：

a) 应采取自然或人工辅助方式为刚出生的羔羊提供初乳，确保羔羊 12h 内吃到足量的初乳。

b) 羊场应将不认羔羊的母羊应赶入母仔栏单独饲养，确认母仔相认后方可归入大群。

c) 羊场应采取措施，为母乳不足的羔羊，提供足够的哺乳。

d) 舍饲生产系统条件下，羔羊断奶月龄平均不宜早于 2.5 月龄；放牧生产系统条件下平均不宜早于 3.5 月龄。

6.2.2 新生或幼龄羔羊不宜在漏缝地板上圈养。

6.2.3 羔羊若阉割应尽早实施，若断尾应在 1.5 月前实施。阉割和断尾手术过程应尽量避免对羊只造成不必要的痛苦，宜使用止痛剂。

6.2.4 应尽量缩短对羊只治疗（如注射、口服药物、药浴等）、打耳标、称重、装车运输等过程的时间。

6.2.5 对新进公羊应采取适当的隔离措施，以避免争斗行为的发生。但隔离期仅限于羊只互相熟悉和减少攻击行为所需时段。

6.2.6 舍饲公母种羊宜每年进行 2 次修蹄，预防跛足发生。

6.2.7 对羊群的日常管理应采用温和方式，减少不必要的惊吓。

6.2.8 除治疗目的外，羊只不应被拴系或与其他羊只隔离。

6.2.9 羊群应相对稳定，减少混群，以防止由于拥挤和应激对羊只造成伤害。应根据不同饲养方式，确定羊群的只数。

6.2.10 饲养员应随时清除羊舍、运动场、牧场及周围环境中可能被羊只误食的铁丝、塑料布、电线等杂物。

6.2.11 捉羊时不得采取抓背毛、角、耳朵或尾巴的方式提起羊只。

6.2.12 宜利用羊只的听觉或视觉反应驱赶羊群，不应使用棍棒、皮鞭、电棒等粗暴手段驱赶羊只。

6.2.13 日常管理中应随时检查饲喂栏和产羔栏，及时发现被卡羊只，帮助其解脱。应重点关注有角的羊只。

6.2.14 羊群使用的食槽、草架、栅栏、门窗、地面等所有与羊只接触面，应经常检查维修，不能有尖锐物体，以防羊只受伤。

6.2.15 羊场应识别可能对动物福利造成不利影响的自然灾害、极端天气等各种紧急情况，并制订应对的方案。

6.2.16 羊场对隔离治疗的伤病羊只应每天至少进行两次检查。

6.2.17 对治疗无效的羊只，应征求兽医的处理意见，必要时实施人道宰杀或无害化处理。

6.2.18 羊舍应保持良好的卫生状况，以减少羊只不适或疾病的发生。

6.3　标识

6.3.1 永久性标识羊只时，可采用耳标方式。

6.3.2 暂时性标识羊只时，应保证所用材料不含有毒有害物质。

6.4　防疫控制措施

羊场应采取有效的动物防疫控制措施，防止带有疫情的动物进入羊场。

7　健康计划

7.1 羊场应制订符合法律法规要求的兽医健康和福利计划，内容应至少包括：

——生物安全措施；

——疫病防控措施；

——药物使用及残留控制措施；

——病死羊及废弃物的无害化处理措施；

——其他涉及动物福利与健康的措施等。

7.2 羊场应定期对健康计划的实施情况进行检查，并适时进行该计划的更新或修订。

8　羊毛（绒）获取

8.1 羊毛（绒）的获取应采用剪毛（绒）方式完成。

8.2 剪羊毛（绒）应在每年适宜剪羊毛（绒）的季节进行。

8.3 成年羊每年在天气转暖的季节应至少剪羊毛（绒）一次，育肥羊根据需要剪毛（绒）。

8.4 剪羊毛（绒）应由技术熟练的人员进行。剪羊毛（绒）时不得伤及羊皮，若发生误伤应立即对伤口进行处理。

9 运输

9.1 运输方

运输方应满足国家相关法律法规和标准的要求。

9.2 人员

9.2.1 司机和押运人员应具备运输羊的经验，并接受过基本的兽医知识、伤病羊的管理和动物福利有关知识的培训。

9.2.2 应平稳驾驶运输车辆，并对羊只在运输过程中的状况进行有效监控。

9.3 装卸

9.3.1 装载时，应尽量减少羊只混群。伤病的羊只不应进行装载运输。

9.3.2 应使用适当的装卸设备，尽可能采取水平方式装卸羊只。无法避免的坡道应尽量平缓（坡度不宜超过 20°），并采取防滑措施及安全围栏。

9.3.3 装卸羊只的过程应以最小的外力实施，尽可能引导羊只自行进出运输车辆，不得采取粗暴的方式驱赶，应尽量减少噪声。

9.3.4 羊只到达目的地后应及时卸载。

9.4 容量

9.4.1 运输羊只的车辆地面应铺有充足的垫料。

9.4.2 运输车辆内应有足够的空间供羊只起卧。

9.4.3 运输羊只的装载密度见表3。

表3 运输羊只的装载密度

分类	体重（kg）	每头的面积（m²）
剪过毛的羊只	<55	0.2~0.3
	>55	>0.3
未剪毛的羊只	<55	0.3~0.4
	>55	>0.4
怀孕母羊	<55	0.4~0.5
	>55	>0.5

9.5 运输前准备

9.5.1 羊只在运输前应能得到足够的饮水。

9.5.2 在装车前 4h 内，不得给羊只喂食。

9.6 运输过程

9.6.1 羊只应就近屠宰，尽量减少运输和等待时间。连续运输羊只的时间不宜超过 8h。

9.6.2 运输车辆所有与羊只接触的表面、装载坡台和护栏等，不应存在可能造成羊只伤害的锋利边缘或突起物。运输工具各部分构造应易于清洁和消毒。

9.6.3 运输车辆应有一定的防护措施，避免羊只摔倒或其他行为可能引起的伤害。

9.6.4 运输车辆应对羊只视线给予遮蔽。

9.6.5 应避免在极端天气运输羊只。运输羊只当日气温高于 25℃ 或低于 5℃时，应采取适当措施，减少因温度过高或过低引起羊只的应激反应。

9.6.6 运输过程中若出现羊只的伤害或死亡，应分析原因并立即采取措施以防止更多伤害和死亡的发生。

10 屠宰

10.1 屠宰要求

屠宰企业应满足国家相关法律法规和标准的要求。

10.2 屠宰人员的要求

屠宰企业应指定专人负责制定和实施人道屠宰的规定。该负责人应接受过有关动物福利知识的培训。

10.3 对运输过程造成伤残的羊的处理

无特殊情况屠宰企业对运输过程造成伤残的羊只应立即宰杀，尽量减少其痛苦。

10.4 待宰栏

10.4.1 屠宰企业应为待宰的羊只提供充足的饮水，必要时提供食物。

10.4.2 屠宰企业宜为羊只提供待宰棚，防止太阳直晒和抵御恶劣气候条件，并有足够的空间及干燥的躺卧区域。

10.4.3 屠宰企业应将待宰栏中具有攻击性的羊与其他羊只分开。

10.4.4 宰前检查照明不宜低于 220lx。

10.5 屠宰设备

10.5.1 用于羊致昏和宰杀的设备应安全、高效和可靠。

10.5.2 屠宰设备在使用前后应进行彻底清洁与消毒。

10.5.3 应由专人在宰前对屠宰设备进行检查，使其处于良好状态。

10.6 宰前处理

10.6.1 宰前处理应按规定的流程实施，尽量减少羊只的痛苦和不必要的刺激。

10.6.2 待宰栏通道及地面应做防滑处理。通道应有足够的空间，光线适宜，无突出物、障碍物及直角转弯。

10.6.3 通道在到达击昏点前宜有出口通向围栏，允许羊只重新回到围栏。

10.6.4 应避免采用粗暴的方式驱赶羊只。

10.6.5 所有待宰羊只宰前禁食不得超过 18h。

10.7 屠宰方式

10.7.1 屠宰企业应采取尽量减少羊的痛苦和不适的屠宰方式实施人道屠宰。

10.7.2 屠宰的致昏方式应使羊瞬间失去知觉和疼痛感，直至宰杀工序完成。

10.7.3 如因宗教或文化原因不允许在屠宰前使羊只失去知觉，而直接屠宰的，应在平和的环境下尽快完成宰杀过程。

10.7.4 宰杀用刀具应锋利，其刺入的位置与角度等应能达到放血快速和完全的要求，保证羊只迅速死亡。

10.7.5 切断羊只的血管后，至少在 30s 内不得有任何进一步的修整程序，直到所有脑干反射停止。

11 加工

11.1 用于加工动物福利羊产品的原料羊胴体，应来自养殖、运输和屠宰过程均符合本标准要求的羊场和屠宰企业。

11.2 加工企业应区分动物福利分割羊肉产品与常规产品的加工过程，以避免产品的混淆。

11.3 动物福利分割羊肉产品的质量安全应符合 GB 2707、GB 2761、GB 2762 和 GB 2763 等相应的国家食品安全标准要求，畜禽养殖中的禁用物质不得检出。

11.4 动物福利分割羊肉产品应重点关注其感官指标（淤血、损伤、PSE 肉、DFD 肉等）。

11.5 动物福利羊毛（绒）应来自养殖及剪毛（绒）过程均符合本标准要求的羊场。

12 记录与可追溯

12.1 羊的福利养殖、剪毛（绒）、运输、屠宰、加工全过程应予以记录，并可追溯。

12.2 羊场的种羊档案应永久保存。其余养殖、剪毛（绒）、运输、屠宰、加工全过程的所有记录应至少保存 3 年。

附　录　A

（资料性附录）

相关法律法规和标准

中华人民共和国动物防疫法

中华人民共和国畜牧法

兽药管理案例

畜禽规模的养殖法案防治案例

畜禽规模养殖污染防治条例

农业部公告第 168 号　饲料药物添加剂使用规范

GB 12694　肉类加工厂卫生规范

GB 13078　饲料卫生标准

GB 16548　病害动物和病害动物产品生物安全处理规程

GB 16549　畜禽产地检疫规范

GB 16567　种畜禽调运检疫技术规范

GB 18596　畜禽养殖业污染物排放标准

GB 18393　牛羊屠宰产品品质检验规程

GB/T 9961　鲜冻胴体羊肉

GB/T 19525.2　畜禽场环境质量评价准则

GB/T 20014.6　良好农业规范　第 6 部分：畜禽基础控制点与符合性规范

GB/T 20014.7　良好农业规范　第 7 部分　牛羊控制点与符合性规范

NY/T 388　畜禽场环境质量标准

NY/T 630　羊肉质量分级

NYT 633　冷却羊肉

NYT 816　肉羊饲养标准

NY/T 1167　畜禽场环境质量及卫生控制规范

NY/T 1178　牧区牛羊棚圈建设技术规范

NY/T 1564　羊肉分割技术规范

NY 5149　无公害食品　肉羊饲养兽医防疫准则

NY/T 5151　无公害食品　肉羊饲养管理准则

NY/T 5339　无公害食品　畜禽饲养兽医防疫准则

英国 RSPCA 羊的福利养殖标准

加拿大防止虐待动物协会发布的牛的福利标准

美国全程质量检测认证发布的现场评审指导和运输质量保证手册

本标准起草工作组构成：

    主要起草单位：中国农业国际合作促进会动物福利国际合作委员会

                方圆标志认证集团有限公司

                世界农场动物福利协会

                新疆畜牧科学院畜牧研究所

                中国农业科学院北京畜牧兽医研究所

                内蒙古富川饲料科技股份有限公司

                内蒙古蒙羊牧业股份有限公司

    主要起草人：翟虎渠、张玉、贾志海、田可川、王培知、席春玲、王天羿、冯晓红、顾宪红、金曙光、娜仁花、陈怀森、李志勇、阿永玺、赵芙钗、王润东。

图书在版编目（CIP）数据

肉羊全程福利生产新技术 / 翟琇，席春玲主编 . —
北京：中国农业出版社，2020.5
ISBN 978-7-109-26604-9

Ⅰ.①肉…　Ⅱ.①翟…②席…　Ⅲ.①肉用羊－饲养
管理　Ⅳ.①S826.9

中国版本图书馆 CIP 数据核字（2020）第 031688 号

中国农业出版社出版
地址：北京市朝阳区麦子店街 18 号楼
邮编：100125
责任编辑：冀　刚
版式设计：杜　然　责任校对：刘丽香
印刷：北京中兴印刷有限公司
版次：2020 年 5 月第 1 版
印次：2020 年 5 月北京第 1 次印刷
发行：新华书店北京发行所
开本：700mm×1000mm　1/16
印张：11
字数：240 千字
定价：60.00 元